KING WARRIOR MAGICIAN LOVER
REDISCOVERING THE ARCHETYPES OF THE MATURE MASCULINE

国王 武士 祭司 诗人
从男孩到男人，男性心智进阶手册

[美] 罗伯特·摩尔　[美] 道格拉斯·吉列 著
Robert Moore　　Douglas Gillette

林梅 苑东明 译　赵骞 审校

电子工业出版社
Publishing House of Electronics Industry
北京·BEIJING

献给诗人罗伯特·布莱（Robert Bly），是他为我们提供了重新评价男性力量的动力。

每个男人都集四个强大的原型于一身,但一个完美的统一体并不存在。全能的人,愿荣耀归你,直到永远。

——威廉·布雷克(William Blake)《四个诺亚》(*The Four Zoas*)

前 言 | Preface

无论在美国，还是在世界其他地方；无论在男性聚会时，还是在相关的出版物中，国王、武士、祭司、诗人这四种原型都得到越来越多的关注。的确，有许多人想当然地认为，人们已经习惯于把这些原型视为构成成熟男性气质的"积木"了。但实际上，将这些原型命名为四种基本心理要素，并认为这四种基本心理要素具有动态关系，构成了成熟男性心智深层结构的心理学研究。先是出现在芝加哥荣格学院的一系列讲座上，并随后通过一系列热销的录音带的发布，这些研究发现对后来的男性运动产生了广泛的影响。我们深信，在这一系列讲座上初现端倪的这些心理学发现，在解读人类男性和女性自我根本性的深层结构方面，形成了一次重要的、具有潜在革命意义的突破。这种解读方法被卡尔·荣格（Carl Jung）称为"双重四元素法"，它不但成为荣格理解原型自我的基础，更使我们对内心精神地貌的掌握扩展到荣格的理论之外。这种超越不仅是通过对心理内容进行描述和对反映在"四象限"中的心理潜力进行描绘而实现的，也是通过对存在于深层自我动态结构中的国王（或者

国王 武士 祭司 诗人
King Warrior Magician Lover

王后）/祭司和诗人/武士这两组基本的辩证对立关系进行阐述而实现的。

  这项研究旨在对男人的心智进行认识，而本书则是对研究意涵所做的探索性分析。它是依据这一范式开展研究并即将出版的五卷本系列男性心理学书籍的第一本。后续四本著作将详细阐述这个关于男性心理和精神的理论模型所包含的更宽广的意蕴。对此怀有职业兴趣的专业人士以及好奇心被激发、想对此获得更多了解的普通读者都可以参考本书后面所附的资源列表，进行更深入的了解。

  我们写本书的目的是向人们提供一部简明易读的"关于男人心智的使用手册"。阅读本书，能够帮助你理解自己作为男人的优势和弱点，并给你提供一张指向男性自我疆界的地图，这对你来说是一个值得探索的领域。

致 谢 | Acknowledgments

感谢罗伯特·布莱对我们的鼓励，感谢格拉谢拉·因凡特（Graciela Infante）仔细审阅本书原稿，感谢玛格丽特·沙纳罕（Margaret Shanahan）和格拉谢拉·因凡特向我们提出了很多有益的建议，感谢帕特里克·纽金特（Patrick Nugent）非常准确地听写了罗伯特·摩尔演讲录音带的内容，还要感谢旧金山哈珀出版社的编辑和制作人员们。另外，我还要感谢许许多多结合自己的亲身经历，对这一男性心理学的新方法进行认真思考的人们，是在你们的帮助之下，我们改善、深化了相关见解。

简 介 | Introduction

比尔·莫耶斯（Bill Moyers）最近在《男人聚会》节目中对诗人罗伯特·布莱进行了访谈。访谈期间，一个年轻人提了一个问题："今天我们（男性）力量的启蒙、接引人何在？"我们写这本书的目的就是要回答这个男人女人都心存疑虑的问题。在20世纪末期，我们面临着广泛的男性认同危机问题。包括社会学家、人类学家和深度精神分析学家在内的当代社会场景的观察者们正越来越清楚地发现这一问题的破坏性，它不但影响着我们每一个个体，也影响着整个社会。至少在美国和西欧，现在为什么会有这么多的性别认同混乱的问题？现在看来，要明确地指出某种气质是属于典型的男子阳刚气质，还是女性的阴柔气质似乎越来越困难了。

当我们观察家庭系统时，会发现传统的家庭正在解体。越来越多的家庭都暴露出一个令人遗憾的真相，那就是父亲这个角色正在消失。无论是情感上的缺位，还是实际意义上的抛弃，还是二者兼而有之；无论是对男孩，还是对女孩，父亲的消失都会给孩子造成精神上的严重打击。父亲形象的弱化和缺失会严重影响儿女确认自

己的性别认同，还会影响他（她）们与同性成员或者异性成员建立起亲密、积极的关系。

但从自身的经验出发，我们认为，不能仅是简单指出当代家庭体系濒临瓦解这一现象，更重要的是，我们要对阳刚气质危机的现象给出解释，我们必须对造成解体现象的两个其他因素进行观察研究。

首先，我们要认真看待把男孩启蒙、接引到男人阶段的仪式过程的消失。在传统社会中，对男孩心理和男人心理的内涵有着标准定义。这在部落社会里是清晰可见的，一些著名的人类学家如范杰纳（Arnold van Gennep）和维克多·特纳（Victor Turner）对此有过详细的研究。在部落社会中，人们通过精心设计编排的仪式帮助本部落的男孩实现从男孩到男人的转变。而西方社会在经过几个世纪的文明洗礼之后，几乎所有这样的仪式过程都被丢弃了，或者被转入更狭隘、更缺乏激发性的渠道，我们将这种现象称为"伪启蒙"。

我们可以指出这种启蒙、接引仪式衰落的历史背景。新教改革和启蒙运动这两项剧烈的社会运动在推动这一仪式过程走下神坛的过程中所发挥的作用可以说是平分秋色。当这种启蒙、接引仪式作为一个神圣的转变过程被攻击得名声扫地时，留给我们的就只能是维克多·特纳称为"徒具仪式外表"的那些东西了，而这些东西根本就不具备帮助男孩实现真正意识转变的必要能力。通过和仪式脱钩，我们废除了这些过程，然而，男人和女人正是通过这些过程才实现了深刻、成熟的性别认同，使之终生受益。

当身份认同凭以建立的仪式过程遭到贬抑以后，一个社会可能受到什么样的影响呢？对于男性而言，有很多人或是难以得到男性气质的启蒙，或是因为受到"伪启蒙"而难以实现由男孩向男人的必要转变。于是，我们被男孩心理统治了。在我们身边，男孩心理泛滥，其典型现象随处可见：对他人不择男女都口出恶言，暴力相向；被动软弱，在自己的生活中缺乏有效的、创新性的活动能力；难以调动别人（包括男人和女人）的生命活力和创造力；而且常常会在欺人和耍熊之间来回"犯病"。

随着具有深远意义的，对男性气质进行启蒙、接引的仪式过程被打断，还出现了导致成熟男性自我认同消解的另外一个因素。这个因素，是通过被女权主义者口诛笔伐而为我们所认识清楚的一个"菌株"，这就是男权制。男权制是一种社会文化组织形式，它至少始于公元前2世纪，并延续至今，一直统治着西方世界及其他地方。在女权主义者眼中，男权社会下的男性支配权是对女性的压迫和虐待，不论是所谓的女性特质还是所谓的女性美德和妇女本身都是被压迫和施虐的对象。在她们对男权社会的激烈批判中，一些女权主义者下了这样的结论：所谓男性气质从根上讲就必然是霸凌性的，而与"爱欲"（爱神厄洛斯）有关的特质——爱、亲缘关系及温柔——无不得之于人类中的另一半——女性。

虽然这些见解对帮助男性和女性从男权制的陈规中解脱出来很有用，但我们认为这样的认知也存在着严重的问题。我们认为男权制并不是对男性气质深刻的"根红苗正"的表达，相反，真正深刻和有根有苗的男性气质不应该是滥用优势和霸凌别人。男权制只是一种不成熟的男性气质，是男孩心理的流露，而且部分还是因为这种男性气质的阴暗或者狂热的一面所造成的。它所体现的是发育不良的男性气质，长久地滞留在一种不成熟的心理水平上。

在我们看来，男权制是一种对完满成熟的男性气质的伤害，同样也是对完满成熟的女性气质的一种伤害。那些受困于男权制心理结构和心理动力的人不止寻求对女性的支配，而且寻求对男性的支配。实话说，这种男权制建立在一种孩子式的、不成熟的男性恐惧心理的基础之上，他们的恐惧既来自女性也来自男性。男孩们害怕女性，也害怕真正的男人。

这种倾向于大男子主义的男性不希望自己的儿子或者男性下属发展完善自己的男性气质，也不情愿自己的女儿或者女性雇员发展自己完整的女性气质。这样的上级最爱演绎的办公室故事就是"武大郎开店"，最见不得自己的部下完美发挥出自身潜力。当我们寻求真实地展现出自己的美貌、成熟、创造性和产出能力时，会经受多少以直接和消极敌意的方式出现的嫉妒、怨恨和攻击啊！我们出落得越美丽、变得越有能力、越有创造性，就会从上级甚至同级那里得到越多的敌意。我们真正受到的攻击其实就来自这种人性的不成熟，他们害怕我们在完善男性气质或者女性气质的路上大步向前。

男权制表达的就是我们称为男孩心理的东西，而不是从本质上表达出成熟的男性潜力和他们作为生命存在的完满成熟。我们得出的这个结论来自对上古神话和当代梦想的研究，来自于对传统宗教社会快速女性化的内幕所做的考察，来自于我们对整个社会性别角色快速变化这一现象的反思，也依赖于我们多年的临床实践。在这一研究过程中，我们越来越认识到，对这些寻求心理治疗的患者而言，其内在生命中一些至关重要的东西丢失了。

在大多数情况下，他们所丢失的并不像深度心理学家们所认为的那样，是与其内在女性气质有足够多的联系。在很多情况下，这些人来寻求帮助反而是因为自己被女性气质压倒了，而且情况持续如此。他们正在丢失的气质与深刻的、发自本能的雄性能量和成熟男性潜力的足够联系。他们和这些男性潜力的联系被男权制本身和女权主义者对他们硕果仅存的一点男子气概的批评阻断了。导致阻断的另外一个原因就是，他们的人生中缺少了任何有意义的由男孩向男人转变的启蒙、接引过程，而这本来能让他们养成自己的男子汉气概。

我们发现，当这些人通过冥想、祈祷和荣格所说的积极想象的方法寻求自身对男性阳刚气质的体验时，他们和内在的成熟男性气

质原型接触越多，就越能放下那个被男权意识统治的自我和其他有害的思想、感觉和行为模式，真正变成一个强大的、有主心骨的、能对自身和他人（不论男女）做出贡献的人。

在当下的男性阳刚气质危机中，我们不需要像女权主义者所说的那样，减少阳刚力量。相反，我们需要更多，只不过需要的是成熟的男性力量。我们需要更多的男人心理，我们需要培养出对男性力量不急不躁、拿捏得当的感觉，这样我们就没有必要对他人表现得霸气凌人。

在男权制影响之下，对男性气质和女性气质的诋毁、伤害之词数不胜数，而在女权主义者对男权制的反对声浪里同样充斥着这样的言语。当女权主义者不甚明智地发表抨击言论时，确实可能对业已遭遇四面楚歌的真正男子汉气概又造成了新的伤害。说实话，很有可能在人类历史上还没有过这样的时期，其时成熟的男性气质（或者成熟的女性气质）真正处于时代的主流位置。我们对此当然难下断言，但可以肯定的是，在当今时代，成熟的男性气质和女性气质还远没有上升为时代的主流气质。

我们有必要学会爱上这样成熟的男性气质，并为其所爱；我们有必要学会去赞美正宗的男性权力和影响力，这不只是为了我们作为男人的自身利益和为了搞好与他人的关系，而是为了应对由成熟男性气质危机而引发的我们人类作为一个物种所面临的全球性的生

存危机。如果我们这个物种要在这个危机动荡的世界上排除万难走向未来，我们就迫切需要成熟的男性和成熟的女性来撑起这片天空。

因为在当今社会很少或者几乎没有一些仪式过程能够帮助我们从男孩心理升华为男人心理，所以我们每个人就必须深挖与生俱来（还要靠互相帮助和支持）的自我内心深处的男性潜能资源。我们必须找到与这些能够为我们赋能的珍贵资源联系起来的方法。我们希望，本书能为我们成功完成这一重要使命做出贡献。

目 录
CONTENT

Part 1　从男孩心理到男人心理　/001

  01　男性启蒙、接引仪式过程中存在的危机　/003

  02　男性潜能　/013

  03　男孩心理　/018

  04　男人心理　/066

Part 2　男性心智解读——成熟男性气质的四个原型　/073

05　国王　/075

06　武士　/117

07　祭司　/153

08　诗人　/190

结论　获得成熟男性的原型能量　/229

选读资料　/257

Part 1

从男孩心理到男人心理

King Warrior Magician Lover

Rediscovering the Archetypes of the Mature Masculine

Part 1
从男孩心理到男人心理

chapter 01 男性启蒙、接引仪式过程中存在的危机

我们经常听到有的男人说"感觉自己四分五裂,没有个主心骨"。这话是什么意思呢?说深刻一点,这是在说某某人此时没有体会到,也难以体会到,内心深处那种心意相连、体魄交融的精神状态。他的身心是涣散破碎的,人格的不同组成部分互相分裂、各行其是,导致其整个生活状态混沌无序。这种"神散形不散"的人格,也许就是因为当年没有机会经由启蒙、接引仪式完成从男孩到成年男人深层心理结构的过渡而造成的。他仍然是个男孩,不是他自己情愿这样,而是因为没有人指引他把自己作为男孩的能量转化成作为男人的能量;没有人引导他那蕴含着男性阳刚潜能的内心世界,经历一次直接的、

有治愈效果的转化过程。

让我们来参观一下位于法国的、古老的克鲁马努人（Cro-Magnon）先祖曾经住过的山洞。当我们下到这个既超然世外，又残留着昔日人间烟火的黑暗圣殿时，一打开灯光，我们瞬间就被带回那个令人震惊、敬畏的古老情境中去，惊异于眼前的景象所描绘的那神奇、隐秘的阳刚之气的泉源。我们感到内心受到了某种震动。此刻，静默如歌，那些神奇的动物——野牛、羚羊、猛犸象——在原始未凿的美景中跳跃、咆哮；它们奋力越过大厅拱形的屋顶和波浪起伏的墙脊，一心奔向山岩褶皱的阴影之下，又倏尔奔回我们眼前的灯光之中。和这些动物的形象画在一起的是男人的掌印，他们是猎人也是艺术家，是远古的武士和生活的供养者，他们相聚在此处，上演着一种动人心魄的远古仪式。

人类学家们几乎一致同意，这些山洞圣殿至少有一部分是由古人刻意建造并为己所用的，其中一个特别的用处就是在此为男孩们举行神秘的启蒙仪式，接引他们进入一个属于男性责任和阳刚精神的神秘世界。

但是把男孩造就成为男人的仪式过程还不局限于我们对这些山洞的想象。许多学者以米而恰·伊利亚德（Mircea Eliade）

Part 1
从男孩心理到男人心理

和维克多·特纳（Victor Turner）最为著名，这种启蒙仪式过程直到今天仍然在非洲、南美、南太平洋群岛以及世界上很多地方的部落社会中延续着。在北美的平原印第安人中，也一直持续到近期才消失。专家们对仪式过程的研究资料读起来可能有些枯燥，但我们可以在许多拍摄于当代的影片中看到对这一主题的多彩呈现，这些影片起到了古代的民间传说和神话故事的作用。这是我们向自己讲述的关于自身的故事，是关于我们的生活及其意义的故事。实际上，在许多影片中，对男人和女人的成人启蒙接引过程都是其隐秘的主题。

影片《翡翠山谷》（*The Emerald Forest*）是个很能说明问题的好例子。在影片中，一个白人男孩被巴西印第安人俘获并抚养长大了。一天，他正在河里与一个美丽的少女嬉戏。他对这姑娘的兴趣，部落酋长已经看在眼里多时了。少年性趣的苏醒对睿智的酋长而言是个明确的信号。他带着妻子和部落里的一些老者来到河边，他们的出现使正在与少女嬉戏的少年托米（Tomme）惊呆了。酋长用低沉的嗓音说道："托米，你的好日子到头了！"闻听此言，每个人都浑身一震。代表着所有女性、所有母亲的酋长妻子问他："他真的必须死吗？"酋长语带威胁地回应，"当

然！"然后，我们看到了火焰熊熊的夜间场景，托米看起来正在被部落的老人们施以折磨；他被推进森林的荆棘丛中，忍受着丛林蚂蚁无情地噬啮。他痛苦地打着滚，身体被饥饿的蚁群咬得破残不堪。看着这样的景象，我们陷入了深深的恐惧。

终于，太阳升起来了。气息尚存的托米被人们带到河里洗浴，还在咬着不放的蚁群被河水冲洗掉了。酋长提高声音对大家说："一个男孩已经死去了，一个男人新生了！"紧接着，这个新的男人得到了他的第一次精神体验。一根长长的管子塞到他的鼻孔中，一种麻醉性药品通过管子吹进他的体内，在药物的作用下，他渐渐迷醉。在幻觉中，他发现了自己动物性的灵魂（是一只鹰），正在新的、更广阔的意识世界里飞翔着。他俯瞰着下面广袤的丛林世界，这是属于上帝的视角。然后，他被允许结婚了，他已经是个真正的男子汉了。他承担起男人的责任和角色，他高升为部落里的一位勇士，后来更是登上了酋长的宝座。

我们可以这样说，也许生命最根本的动力就是尝试从较低形态的体验和意识走向更高、更深的意识世界，从稀薄、漫散的身份认同走向更坚实、更结构化的身份认同。人终其一生至少要尝试着按这样的路线前进。我们寻求经由启蒙、接引进入成人世界，

Part 1
从男孩心理到男人心理

承担起成人应当对自身和他人负有的责任和义务，享受成年人的欢乐，行使成年人的权利，并拥有成年人的精神世界。不管是对男性还是女性，部落社会对成年人的概念有着非常清楚的分野，对如何达到这样的境界有着明确的路径安排。他们有类似影片《翡翠森林》中所表现的这种仪式过程，来引导他们的孩子获得这种平静、笃定的成熟。

在我们自己的文化中却只有一种"伪仪式"滥竽充数，比如对男人就有很多这样的"伪启蒙"。某些大城市里存在的帮会是另外一种"伪启蒙"的表现，监狱也是如此，当然某些国家许多监狱本身就是由黑帮控制的。

我们把这些现象称为"伪启蒙"是出于两个原因。其一是，这些过程虽然有时候高度仪式化（尤其是在城市帮派中），但却常常把男孩引诱到一种歪曲、虚假、发育不良的阳刚气质中去。这种大男子主义的"男子气概"，体现着对他人的霸凌，经常也是对个人优势的滥用。有时候这个待"启蒙"的新人还以杀生来表达自己的气概。滥用药品经常也是帮派文化的一部分。在这样的环境中，男孩经常变成意气用事的血勇青年，形成了一种孩子气的价值观，虽然以一种反文化的形式出现，某种意义也算是和

整个社会表现出的价值并行不悖。但是这种"伪启蒙"不能造就真正的男子汉。因为真正的男子汉不会耽于暴力行为和处处树敌。对男孩心理，我们会在第3章进行深入研究。我们在这里要指出的是，这种男孩心理，不管是以哪种面目出现，都体现出拼命想控制、霸凌他人的倾向，但结果却往往造成对自己或者别人的伤害。这是一种施虐受虐一体化的行为。而男人的心理与此相反，它是一种对外界体现扶持、培育，能为外界创造福祉的心理态度，而不是去放任自己对外界施以伤害和毁坏。

任何一个想拥有男人心理的男性，都必须经历一次"了断"。"了断"——这当然是象征性的说法，是心理或者精神意义上的——但却是我们启蒙仪式最核心的内容。用心理学术语来说，这个男孩的自我必须"死亡"。原先的存在之道、行动之道和感觉思维之道都必须经历仪式性的"死亡"，这样一个全新的男人才会诞生。"伪启蒙"虽然也对男孩的自我捆上了几道缰绳，但却以一种新的形式放大了他对权利和控制力的追逐欲望，这种新形式只是体现为一名青少年被一众青少年的管制。这种有效的、能够推动转变的启蒙，当然也要杀死旧的自我以及他那些以旧有形式存在的期待，并使其以一种新的形式复活；这种新的形式体现

Part 1
从男孩心理到男人心理

了他对之前所不知道的力量和中心的从属关系。臣服于成熟的男性力量，会为他带来新的男性人格，这种人格的特征是平静、同情、清晰的洞察和产出能力。

致使我们文化中绝大多数启蒙过程沦为"伪启蒙"的，还有另外一个因素。在绝大多数情况下，根本就不存在这样一个完满的仪式过程。一个仪式过程需要包含两方面的内容。首先是一个神圣的空间，其次是一个能够执掌仪礼的老者。这必是一个智慧的男性或者女性长者，能够赢得被启蒙者的完全信任，能够引导他（她）完成全部启蒙过程，强化其信念，神完气足地将其接引到新的人生阶段。

米而恰·伊利亚德对一个庄严神圣的空间的作用进行了深入的研究，他的结论是：一个被仪式性地神圣化的空间对任何物种的启蒙都是不可或缺的。在部落社会中，这个空间可能是一个特别建造的棚屋或者房子，孩子们在那里静等启蒙仪式的举行。它也可能是个山洞，或者一片广阔的荒野，这些即将接受启蒙的孩子们被驱赶到这广阔的天地之间，经历自己"了断"旧我，获得真正的男性气质。这个神圣的空间就好像是魔术师在表演之前，先画出的"魔法圈"。或者，在一些发达的文明

中，这个空间也可能是宏大庙宇中的一个内室。这个空间必须完全隔绝外部的影响，当启蒙的对象是男孩时，尤其要隔离女性的影响。通常，被启蒙者都要经历令人恐惧的精神考验和痛苦得难以忍受的肉体折磨。他们要学会向生活的痛苦低头，顺从执掌仪式的长者，接受社会对男性气质的传统看法和神话迷思。关于如何做男人的隐秘智慧在此时得到传授。只有当他们成功熬过这些考验，重生为一个真正的男人，才能被放出这个神圣的空间，走向外面的世界。

成功启蒙过程的另一个关键因素是有一个老者出面来主持仪式。在《翡翠森林》中，这要由酋长或者部落中的其他老者担任。这样的老者要对那些秘密智慧了若指掌，要知道部落社会的运转之道，以及那些受到严密守护的关于男性的神话迷思。他是一个活出了成熟男性风采的榜样人物。

在我们的文化中这样成熟的男人并不多见，当然能执掌这种仪式的老者就更属凤毛麟角了。因此，广泛存在的"伪启蒙"依然在以歪曲的形式强化着男孩心理而并不是指引着我们的孩子走向男人心理。即使当某种类型的仪式程序已经存在，甚至一些类

Part 1
从男孩心理到男人心理

型的神圣场所也在城市街区或者某些场所之内建立起来，同样无济于事。

成熟男性气质的危机正严峻威胁着我们。因为缺乏足够多的成熟男性作为榜样，又缺乏社会凝聚力和制度结构，导致这样的仪式过程很难在社会层面真正实现，这正在造成"各人自扫门前雪"的社会现实。我们绝大多数人都会半途而废，难以分清那些事情究竟是我们性别力量驱动下的合理目标，还是在一门心思的追逐中迷失了自我。我们只知道自己总是处在焦虑的悬崖边上，无力、无助、沮丧、被贬低、被冷落、被无视；如此，我们羞于承认自己身为男人。我们感觉自己的创造力被摧毁了，我们的积极主动精神遭遇敌意，我们被忽视、被藐视，徒撑着一具被抽取了做人尊严的空空皮囊。于是，我们一头扎进这个狗咬狗的世界，努力想让自己的事业和亲情能够勉力维持，失去了生活的精气神，也失去了识别自我的鲜明符号。我们很多人都想有一个硕果累累、神通广大、多谋善断的父亲（许多人可能没有意识到），可是这样的父亲可能从来没有在我们的现实生活中存在过，不论我们如何苦苦相求，他也没有从天而降。

然而作为学习人类神话学的学生，作为著名心理学家荣格的学生，我们相信会有好消息出现。这对男人和女人都是好消息，我们迫切想与你们分享，继续看下去，我们就会与你分享这样的真谛。

Part 1
从男孩心理到男人心理

chapter 02 男性潜能

在伟大的瑞士心理学家卡尔·荣格的思想影响之下，我们完全有理由相信，未成年的男人们在世间遇到的这些外部缺憾（如父亲缺位，当父亲的本身不够成熟，有意义的仪式过程缺失，执掌仪式的长者缺乏）都是能够补救的。作为临床医生，我们对此不是空怀一腔热血，而是已经拥有了实际的治疗经验；作为个人，我们现在也拥有这种内在资源；这是荣格之前的心理科学所难以想象的。我们的经验是：在我们每个人的内心深处都有几个模型，我们可以称之为"天生资质"，它能够自然地把我们导向平静、积极的成熟男性气质。荣格派学者们把这种男性的潜在资质称为"原型"或者"原初形象"。

荣格和他的衣钵传人们发现在深层无意识的心理状态之下，我们每个人的心智都以他们所称的"集体无意识"作为基础。集体无意识由本能模式和能量配置构成，通过基因被人类世代传承。这些原型是我们所有行为的基础，包括我们的思维、感觉和独具特色的人类反应模式。这就像是成像仪，艺术家、诗人和宗教先知的作用都有类于此。荣格将其和其他动物的本能直接联系起来。

我们大部分人都对这样一个现象很熟悉，小鸭子一孵出来，看到不管是什么人或者什么动物路过，都会往上凑。这种现象被称为"印随"，是动物生命早期就会起作用的一种学习技能。这意味着小雏鸭天生就会寻找"妈妈"或者"守护者"。这是无师自通的本领，不需要向外界学习"守护者"是什么样的，该如何找。寻找守护者的原型（本能），从小雏鸭来到世间的那一刻起，就被激活了。可不幸的是，这些小雏鸭在第一时间遇到的这些"妈妈"，可能不足以承担起照顾它们的使命。因此，虽然那些来到外部世界的小雏鸭可能难以活到它们的"天年"（甚至根本等不到成长为真正的鸭子），但寻求守护者的原型仍然决定着它们的行为。

与此类似，人类也天生就会追寻"妈妈""爸爸"和其他的

Part 1
从男孩心理到男人心理

亲情关系，以及各种各样的人类处世经验。虽然有时候来自外部世界的反馈并不符合我们的本能性期待，但无论如何我们的这份期待仍然不会缺席。我们所有人普遍如此，也恒常如此。我们就像那只把花猫错认为妈妈的小雏鸭一样，把我们实际的父母看成了理想模式的父母和我们潜在希望的父母。

如果我们在外部世界遇到错的人，这样的相遇就会成为我们的灾难，就会导致我们的原型模式出错、跑偏，走向负面；在大部分情况下，这都是由表现不及格的和关系敌对的父母造成的。在我们的生活中，这表现为严重的心理问题。诚如心理学家 D.W. 温尼科特（D. W. Winnicott）所说，只要父母"足够好"，我们就能以积极的方式体验和获得内心中的人际关系模型。悲哀的是，我们中的多数人，也许是绝大多数人，都没有受到足够好的"父母养育"。

关于原型的存在，临床证据记录已经堆积成山，其中有的来自对患者梦境和白日梦的研究，也来自对一些人类根深蒂固的行为模式的仔细观察和研究。对全世界范围内的神话所进行的研究也记录下同样的现象。我们能够反复观察到类似的典型形象出现

在全世界的民间传说和神话故事中。这些恰恰也会出现在那些对这些领域一无所知的人们的梦境之中。比如，年轻神祇死而复生的情节在不同人等的神话故事中都有出现，如古代苏美尔人和当代美国原住民等；而这也会出现在那些正在接受心理治疗者的梦境之中。现有证据已经足以证明，存在一些潜在的模型主宰着人类的认知和情感生活。

这样的模型数量可观，而且在男性和女性身上都有体现。有的原型规定着女性的思想、感觉和关系形态，也有的原型规定着男性的思想、感觉和关系形态。另外，荣格派学者还发现，每一个男人还都有一个由女性原型构成的次级人格，叫作"阿尼玛"（Anima，灵魂之意）；而每一个女人也都有一个由男性原型构成的次级人格，叫作"阿尼慕斯"（Animus，女性的男性意向）。所有人都或多或少能够体会到这种原型的存在，而且在事实上，我们正是在与其他人的相互关联中才体会到的。

整个领域都处于热烈的讨论之中，而且在随着我们对内在的、本能的人类世界的认识不断深化而持续改进着。用系统化的方式对人类的内心世界进行分门别类的研究，才刚刚开始，

Part 1
从男孩心理到男人心理

以往它总是以神话、仪式梦想和幻觉的形式出现。原型心理学领域还是一片刚刚开发的沃土,我们想告诉世人的是,大家如何才能够走近、获得自身这些积极的原型潜力,这是我们自身的利益所系,对我们身边的人也是好消息,甚至对我们这个星球都功莫大焉。

03 男孩心理

那些毒品贩子，左右逢源的政客，打老婆的汉子，积郁难成欢的老板，干得热火朝天的小经理，不忠的丈夫，公司里的老好人，"事不关己，高高挂起"的研究生院顾问，假仁假义的公职人员，黑帮徒众，从来拿不出时间过问女儿功课的父亲，嘲笑明星运动员的教练，无意中扼杀了患者的"闪光点"而硬要将他们拖进"灰色常态"的医师，还有雅皮士们——上述这些人都有一个共同点，他们其实都是装成男人的男孩。他们还真诚、卖力地履行着自己的角色，因为没有人向他们示范，一个成熟的男人应该是什么样子的。他们所谓的男子气概其实是一种"赝品"，但

Part 1
从男孩心理到男人心理

我们绝大多数人并没有发现这一点。我们长久地把这些人表现出来的充满控制欲、威胁和敌意的行为视作一种力量的表现。实际上，他们表现出的这种行径背后是一种极端的虚弱和无能，是受伤的孩子所表现出的软弱。

一个令人震惊的事实是，绝大多数男人都滞留于某种程度的不成熟状态。男人早期的心智发展程度是由合乎男孩气质的内在模型决定的，当我们听任这些模型来决定什么才是成人气质，当男孩气质的原型没有建立在对成熟男性气质原型合理趋近的基础之上并被后者适时超越替代，我们内心潜藏的不成熟的孩子气就会表现出来（主要是针对自己，偶尔针对别人）。

在我们的文化中，大家在谈到孩子气时经常带着喜爱的口吻。而事实是，我们每个人身上都有这种男孩气质，他出现在我们生命的某个合适阶段，是我们玩性、欢笑、乐趣、能量和开明态度的来源，这是一种敢于冒险，向往未来的人生态度。但是也有另外一种孩子气质，从发育上看仍处于孩童阶段，当我们需要以成熟男性的方式与我们自己和他人互动时，却仍然受着这种不成熟的孩子气质左右。

原型的结构

男性心理中的每一个原型能量潜力——不论是处于成熟的形式还是不成熟的形式——都有一个三位一体结构（见图1）。

成熟男性气质
原型：男人心理

完整形态的国王
暴君 懦夫

完整形态的武士
虐待狂 受虐狂

不成熟男性气质
原型：男孩心理

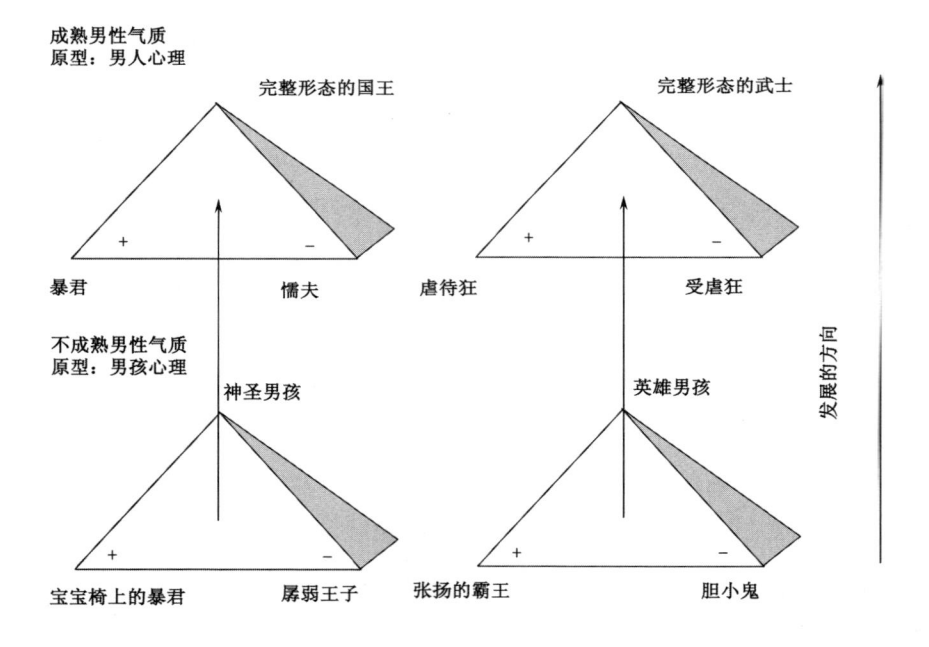

神圣男孩
宝宝椅上的暴君 孱弱王子

英雄男孩
张扬的霸王 胆小鬼

发展的方向

图1 成熟和不成熟男性气质原型

Part 1
从男孩心理到男人心理

成熟男性气质
原型：男人心理

完整形态的祭司　　　　完整形态的诗人

抽离的操纵者　否定性的头号无邪　　沉溺的诗人　无能的诗人

不成熟男性气质
原型：男孩心理

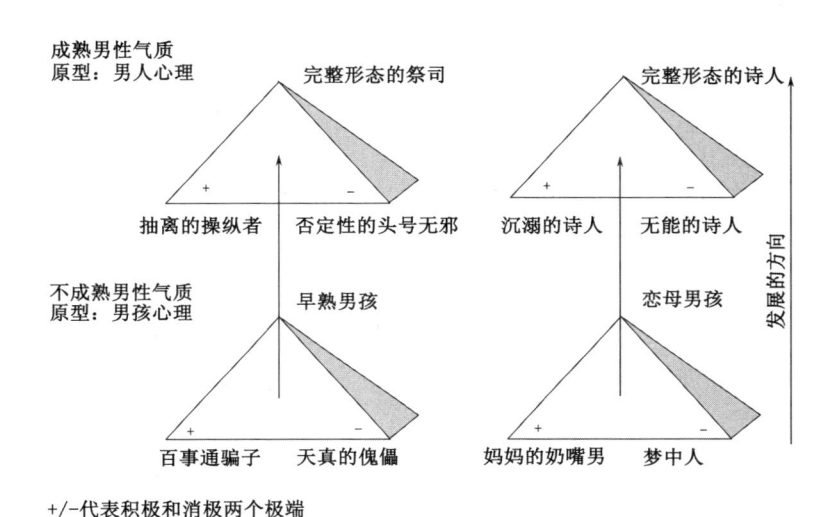

早熟男孩　　　　　　　恋母男孩

百事通骗子　天真的傀儡　　妈妈的奶嘴男　梦中人

发展的方向

+/-代表积极和消极两个极端

图 1　成熟和不成熟男性气质原型（续）

位于三角形顶端的是处于完整形式的某种原型，位于底部的是呈现两极化功能障碍形式或者阴影形式的原型。在成熟和不成熟两种形式中（就是说，在男人心理和男孩心理两种条件下），这种两极化功能障碍形式都被认为是不成熟的，因为这都代表着一种松散失调、缺乏内聚力的状况。心智缺乏内聚力是一种发育滞后的症状。当男孩变为男人，而他的人格也成熟到适当的发展阶段，阴影部分的两个极点就会慢慢合二为一。

有一些男孩看起来比其他人更加"成熟"一些；他们正比伙伴们更全面地接近着男孩的原型，无疑他们自己对此并无知觉。这些男孩已经达到了一定程度的整合和内在统一，而其他人还未能达到。另外一些男孩看起来就更不成熟一些，即使把男孩在成熟程度上存在的自然差异考虑在内，也还是有问题。例如，一个男孩在内心感受到自己的英雄情怀，把自己看成一个英雄，这是正常的。但是许多男孩做不到这一点，他们陷入英雄的两极化阴影形式中——或者是耀武扬威的小霸王，或者成了胆小鬼。

不同的原型会在不同的成长阶段产生影响。在不成熟的男性气质中率先发挥作用的原型是神圣男孩。早熟男孩和恋母男孩是接下来要出现的；在男孩心智成长的最后阶段，占统治地位的原型是英雄男孩。当然，人的心智发育也不是完全按部就班地来，在整个心智发展过程中，各种原型会产生叠加影响。

有趣的是，男孩心理的各个原型会通过复杂的过程，演变为成熟男性心理的各个原型：男孩是男人的序曲。因此，随着人生阅历的丰富，神圣男孩被锻造成为国王；早熟男孩成为祭司；恋母男孩成了诗人；英雄男孩变成了武士。

Part 1
从男孩心理到男人心理

男孩心理的四种原型，每种都有一个三角形的结构，组合在一起就变成了一座金字塔（见图 2）。这描述了男孩形成中的自我身份结构，也就是他尚未成熟的男性自我。成熟男性自我的身份结构也是如此。

成熟男性自我的金字塔结构

祭司　　　武士

抽离的操纵者　＋　　－

　　　　　　－　＋　受虐狂

否定性的头号无邪　虐待狂

成熟男性自我的金字塔结构

国王　　　诗人

暴君　＋　　－　无能的诗人

　　　－　＋

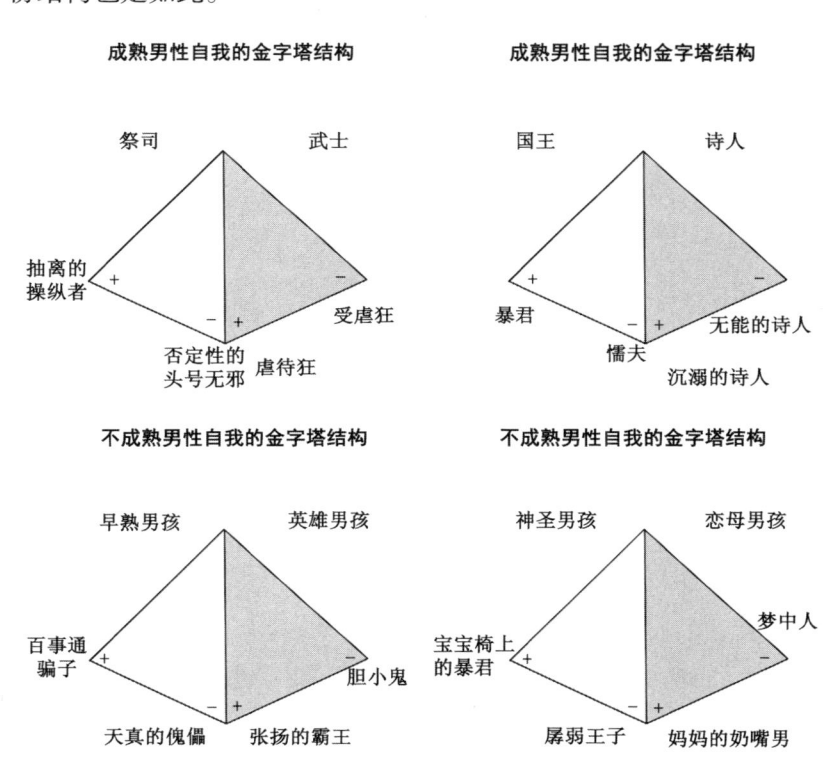

　　　懦夫　沉溺的诗人

不成熟男性自我的金字塔结构

早熟男孩　　英雄男孩

百事通骗子　＋　　－

　　　　　　－　＋　胆小鬼

天真的傻偶　张扬的霸王

不成熟男性自我的金字塔结构

神圣男孩　　恋母男孩

　　　　　　　　　梦中人

宝宝椅上的暴君　＋　－

　　　　　　　－　＋

　　　孱弱王子　妈妈的奶嘴男

图 2　成熟和不成熟男性自我的金字塔结构

正像我们说过的，成年人并未丢掉他的孩子气质，构成男孩心智基础的各种原型也没有随风散去。所以，原型就不会消失，成熟的男人超越了他作为少男的青春力量，是以其为基础发扬光大而不是丢光散尽。因此，成熟男性自我最终的心智结构是一个金字塔摞着另一个金字塔（见图3）。虽然这种用图形描述的方法不能说是分毫不差，但我们认为用这种金字塔形来描述人类自我还是一种最为普遍的符号。

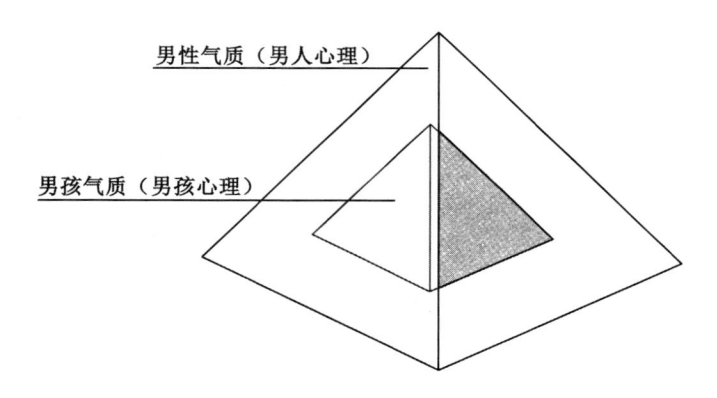

图3 男性心智结构

我们可以从理论上推测女性的自我结构也是这样一个金字塔的形状。当男性自我的金字塔图形和女性自我的金字塔结构点对点地放在一起，它们就会构成一个八面体，生动形象地表现出所

Part 1
从男孩心理到男人心理

谓的荣格自我,兼收了男性和女性特质。[见荣格的《永恒之塔》,由 R.F.C.于尔(R.F.C. Hull)翻译,收录在伯林根系列(Bollingen Series XX)中(普林斯顿:普林斯顿大学出版社,1959)]。在破译"双重四元素法"方面,我们已经走到了荣格的前面。

神圣男孩

不成熟男性能量最重要、最原始的原型是神圣男孩。我们都知道圣婴耶稣诞生的基督教故事。他的身世是个谜团。他来自神界,母亲是一名处女。不可思议的事物和事件护佑着他:天上的星辰、顶礼膜拜的牧羊人、从波斯来的智者。在膜拜者的环绕之下,他不但占据了牛棚的中间位置,甚至占据了宇宙的中心位置。按照广为传播的基督教圣歌所唱的,连动物们也来照顾他。在图画中,刚出世的他通体发光,躺卧于柔软的稻草之上,稻草还闪闪发光,在圣体四周形成了一圈晕轮。此时,他正处于完全虚弱无助的状态。当他刚呱呱坠地,邪恶的希律王(King Herod)就嗅到了他出生的气息,必欲置之死地而后快。他必须在重重保护

之下尽快神隐到埃及去，直到他强壮到能够开创自己生命的事业，直到意欲摧毁他的邪恶力量精疲力竭。

我们通常都不会意识到的是，这个神话故事并非孤立存在的，其实全世界的神话故事中都不乏奇迹般的男孩诞生的故事。其实耶稣诞生的故事本身就脱胎于伟大的波斯先知琐罗亚斯德（Zoroaster）诞生的故事，后者的人生充满自然的奇迹，有送来礼物的贤人麦琪，面临数不完的威胁。在犹太教中，也有婴儿摩西降生世间，成为众生的拯救者，成为伟大的先知，人类和上帝之间的中介者。他被当做埃及的王子抚养成人。可是在初临人世的日子里，他的生命被来自法老的一纸布告威胁。这个虚弱无助的孩子被放在一只芦苇编成的篮子中，在尼罗河上随波逐流。这个故事的原型是一个更古老的传奇故事的主人公，婴孩时代的美索不达米亚国王，阿卡德帝国的萨尔贡（Sargon of Akkad）。在全世界范围内，我们听说过许多婴孩奇迹般降生的传奇故事，如佛祖如来（Buddha），印度教的克利须那神（Krishna），还有希腊神话中的酒神狄奥尼索斯（Dionysus）。

更不为人知的是，神圣男婴这个人物角色在人类宗教中普遍存在，也在我们每个人的内心中普遍存在。从正在接受精神治疗

Part 1
从男孩心理到男人心理

的男人的梦境中可以看到，他们的梦境经常被一个浑身发光的喜悦男孩所占据，随之而来的是一种惊叹和焕然一新的感觉。特别是当他们的病情刚开始好转时，尤为如此。另外一个很常见的情况是，当治疗中的男人感到身心好转，他们就会产生冲动，也许是生命中第一次出现这样的冲动，就是要有自己的孩子。

这些事件提醒我们一些崭新的、有创造性的、鲜活而又"让人懵懂"的事情在我们的心中产生了，人生的新阶段正在起航。对自己原先没有意识到的创造性的生命元素，突然有了强烈的感知，他正在体验着一种全新的生命。但是，当我们心中的神圣男孩被我们所知之时，也就是来自外界和内部的希律王即将发动攻击之时。包含着新的心理活力的新生命是脆弱的，我们一感受到他在我们的内心中展现，就要做好保护他的准备，因为攻击即将出现。一个正在接受治疗的患者可能会说："我可能确实快好了！"——可是马上，来自内心的另一个声音可能就会这样回答他："啊，没有，你不会的。你知道你根本就好不了的。"接下来，这个神圣男孩被流放"埃及"的时辰就到了。

与圣诞故事中满怀敬慕的动物和天使宣布世界和平的主题相对应，我们可以在俄耳甫斯（Orpheus）的希腊神话故事中看到，

神圣男孩的原型能量就预示着未来国王的成熟男性的力量。人神俄耳甫斯坐在世界中央，弹着他的七弦琴，唱着歌，引来了森林里的所有动物。不论是猎物还是捕食者，都被这歌声所陶醉。它们亲密无间地围绕在俄耳甫斯周围，纷争消弭了，冤家对头们携手走进这超然物外的大同秩序中（这是君王的特有能力，我们接下来将会看到）。

神圣男孩的这一主旋律给包括动物世界（心理化的动物，常常代表着我们时常充满冲突的内心世界）在内的整个世界带来了和平和秩序。这并不局限于古代神话。一个刚开始接受心理分析的年轻人曾经告诉我们一件他童年时所经历的不同寻常的事情。他告诉我们，在他可能只有五六岁时，一个春天的午后，他走进了自家后院，心里似乎怀着某种神秘的期待，因为自己太小，难以弄明白这是一种什么念头。在后来的日子里，他终于搞明白，这是一种对内在平静与和谐的向往，是一种希望与万物合二为一的感觉。他背靠园中的一株巨大的橡树站着，随着自己的心绪流淌，唱起了一首现编的歌曲。他在给自己催眠，唱着自己的向往和忧愁。这是自己内心低调的深层喜悦，这是寄情万物之歌，这是一首抚慰自己和他人的摇篮曲。很快，他看到鸟儿成群结队地，

Part 1
从男孩心理到男人心理

不时向这棵树飞过来。他继续唱着,越唱鸟儿越多,一起绕树飞翔,时而停落枝头。最后,满树都是鸟儿,一片生机盎然。

看起来,鸟儿们是被他美妙而充满感情的歌声引来的。它们印证了他的美好,并且以百鸟朝凤般的行动,呼应了他的向往。这棵树变成了生命之树,确认了自己内心的神圣男孩存在,他感到身心焕然一新,充满了继续前行的力量。

像俄耳甫斯、耶稣、婴孩摩西这些出现在我们的神话故事中的神圣男孩形象,以及其他宗教中的此类形象,都会出现在接受心理治疗者的梦境之中,好像是某个生存于我们内心世界的男孩的实际生活经历。这个男孩似乎是生而有之的,也先后被安上许多名头,并且在不同的心理学派中得到不同的评价。通常,心理学家们都会归罪于他,并且努力让自己的患者能够摆脱他。因此,重要的是,我们要认识到,神圣男孩就内置于我们心理世界中,是不成熟男性气质的最本初的模式。

弗洛伊德(Freud)把这称为"本我",是一个"他者"。他把这视为"原始的"或者"婴孩的"内在冲动,与道德是非无关,充满了君临天下式的自负。这是我们客观的自然本身的内在推动力,只关注满足这"孩子"无休止的欲望。

心理学家阿尔弗里德·阿德勒（Alfred Adler）称之为我们每个人潜藏的"动力驱动"，和潜藏的"优越情结"，这掩盖了我们真实存在的虚弱感、自卑感和缺陷。（请记住，神圣男孩既是全能的宇宙中心，同时又完全是脆弱无助的。事实上，这也是婴孩的真实体验。）

海因兹·柯胡（Heinz Kohut）推出了"自我心理学"这一概念，称神圣男孩为一个"浮夸的自我组织"，他会用严苛的、根本就难以实现的高标准要求我们自己和他人。最新的精神分析理论认为，这样的人会被这种婴孩式的浮夸所迷醉，并且会以其作为自身的标志性特征，这实际上是表现出了一种"自恋型的人格障碍"。

然而，卡尔·荣格派学者们对神圣男孩现象的态度有所不同。他们在很大程度上并不把这看成一种病态现象。他们相信神圣男孩是原型自我的一个重要方面。这是一个以大写的 S 开头的自我（Self），而不是普通的自我（Ego）。后者只能以小写的 s 开头（self）。荣格派学者认为，我们内心深处的神圣自我是我们生命力的源泉。它有一种神奇的、给人力量、让人强大的特性，有这种气质在胸，我们就能产生出巨大的幸福感、

Part 1
从男孩心理到男人心理

对生活的热爱之心和内心的平静欢喜。那个橡树下的男孩，就沉浸在这样的心绪之中。

我们相信，这些不同学派的心理学家们看法都没错，他们选择性地看到这种心理能量的两个不同方面。一种是看到其统一、完整的形式，另一种则关注到了其阴影一面。在这个三角形的原型结构的顶端，我们体验着神圣男孩的感觉，这让我们不断更新自我，使自己永远保持一颗年轻的心。在三角形的底端，我们体验的则是"宝宝椅上的暴君"和"孱弱的王子"两种极端的状态。

宝宝椅上的暴君

"宝宝椅上的暴君"可以拿方特勒罗伊（Fauntleroy）小爵爷的形象做一个代表。他高坐在宝宝椅上，用手里的勺子敲着托盘，尖叫着要妈妈来喂，来亲，来服侍自己。他认为自己就是世界的中心，而别人的存在只是为了满足他无所不包的需要和欲望。但是当食物端上来，又往往难以满足他的要求：不够好吃，品种不对，不是太冷太热就是太甜太酸。于是，他把口中食物吐在地板

上，或者抓起来随手丢出去。当他的自以为是发展到极致后，不管自己有多饿，也没有任何食物能让他觉得足够好了。如果他的妈妈在没有让他达到"满意"前，就准备抱走他，他就会大喊大叫，把身体扭成麻花一般，发疯地拒绝妈妈的意图。因为他们认为自己没有遂愿。坐在宝宝椅上的暴君们会因自己的自大狂行径而受到自我伤害，正因为他的需求没有边际，才导致他拒绝了那些他生命中其实真正需要的事物：食物和爱。

这些坐在宝宝椅上的暴君们，其负面的性格特质包括自大傲慢（希腊人称之为狂妄或者过度自尊）、孩子气（从消极的一面看）和不负责任，这甚至包括忽略自己作为一个人间的婴孩所必须满足的生理和心理需求。所有这些在心理学家那里都被归于自我膨胀或者病态自恋。这样的男孩们需要学会认识到，自己并非世界的中心，世界也并不是为满足他的所有愿望而存在的；或者，说得更清楚一点，也不会满足他那些无节制的需求和自我神化的做作与虚荣。世界应该养育他培养他，但没必要把他当神供着。

这些宝宝椅上的暴君们在幼年时养成的习惯，在成年后可能还会通过阴影国王发挥支配性的原型影响力。我们都知道一些前途无量的领导人们的故事，那些首席执行官们或者是总统候选人

Part 1
从男孩心理到男人心理

们，先是横空出世，然后往往就会昙花一现、走向毁灭；他们破坏了自己的成就，重重地摔落在地上。古希腊人认为，狂妄自大必遭天谴。比如伊卡洛斯（Icarus），他给自己用羽毛和蜡做了一副翅膀，要像鸟儿（此处视为"上帝"）一样飞起来。膨胀的他毫不顾及父亲的警告，一飞冲天，直飞到太阳跟前。强烈的热量把蜡融化了，翅膀变成了团团羽毛，他只能一头栽进大海。

我们很熟悉这样一句话："权力导致腐败，绝对的权力导致绝对的腐败。"法国的路易十六国王就是因为傲慢而掉了脑袋。就和我们有些人在公司内不断升迁一样，我们得到的权威和权力越多，自我毁灭的风险也就越大。一个老板光喜欢唯唯诺诺的老好人，对现实情况闭目塞听；一个总统不愿意听取将军的建议；一个校长难以容忍老师们的逆耳之言。所有这些人的行径都和宝宝椅上的暴君一样，摔下马是早晚的事情。

这种在宝宝椅上当暴君的心理状态，由于其作为完美主义者的过分要求而伤害了自身。他期待自己达到脱离实际的理想程度，当不能满足自己内心这种婴孩般的需求时，他就会自怨自艾（和他妈妈做过的一样）。这个小暴君要求自己有更多更好的表现，从来不会对自己已经取得的成绩表示满足。那些不幸的人成了他

内心两岁大的自负的小暴君的奴隶（他的妈妈就是）。他要拥有更多物质的东西，他不能犯错误。因为几乎难以满足内心这个小暴君的需要，他急火攻心，长了溃疡生了病。最后，他承受不了这种难以止息的压力，有的会因此得上心脏病，最后，甚至会自我罢工，唯一的解脱之道就是让这个小祖宗死去。

当这个小暴君难以被有效控制住，他就会表现为卡里古拉（Caligula）、希特勒那样恶毒的反社会分子。而我们自己如果不能有效地控制这个心魔，当成为一个公司的首席执行官后，也可能会宁愿眼睁睁看着公司毁掉，也不愿认真对待自己的狂妄自大的缺点，不愿认真与自己内心中这个苛刻的暴君划清界限。我们可能成为一个小号的希特勒，并在这个过程中摧毁自己的家园。

可以说，神圣男孩的需求就是自己无所不是，万物皆备于我。他不想做事。这就比如一个艺术家想让人崇拜，自己却不愿举起画笔；一位首席执行官希望坐在办公室的大皮椅上，抽着雪茄，拿着高薪和津贴，还有魅力动人的女秘书相伴左右，而自己却不愿为公司出力流汗。在他的想象中，自己无坚不摧又至关重要。他经常贬低别人，给别人的工作成绩打差评。他的确是坐在高位上，但其实这也像是坐高一点好等待裁员的铡刀落下。

Part 1
从男孩心理到男人心理

孱弱王子

神圣男孩两极阴影的另外一极是孱弱王子。这个男孩（随后的男人）被孱弱王子型人格所主导，很少有个性色彩，缺乏生活热情，鲜见主动精神。这是一个需要被娇生惯养的孩子，他指使周围的人，靠的是沉默、唠叨和无力的抱怨。他需要靠在枕头上被人抬着走。任何事情对他都是很大的负担。他很少加入到孩子们的游戏中，几乎没什么朋友，在学校表现欠佳。他经常郁郁寡欢，为实现自己最渺茫的希望就要对父母百般命令，全家人就是要围着他转，让他舒服。他还会虚伪地把自己内心的彷徨无助遮蔽起来，尖刻地对自己的兄弟姐妹进行语言攻击，尖刻地嘲讽他们，把操控他们的感觉视为自己的专利。因为他已经让父母确信他是生活的牺牲品，而别人都在欺负他，因此当他和兄弟姊妹们起了纠纷时，父母总是倾向于惩罚对方，而只对他宽大为怀。

孱弱王子是宝宝椅上的暴君的对立面，虽然他很少像后者一样大发脾气，但是他仍然还是占据着一张不易为人察觉的王座。

所有两极化功能障碍者都是这样，被其中一个极端所支配的自我，时不时地就会慢慢滑向或者猛然跳到另外一个极端。如果用磁铁两极的概念来描述这个现象，我们就可以说，这心理磁铁的两极，会随着通过其中的电流的方向改变而发生反转。当这样的反转发生在被困于两极心理阴影中的神圣男孩身上时，他就会从暴君一样的风雨大作变成沮丧的被动情绪，又或者从明显的软弱变到狂怒的发泄。

接近神圣男孩

为了以正确的姿态接近神圣男孩，我们需要承认他，但不是认同他。我们需要对这男性自我的原始一面所包含的美和创造性给予爱和赞美。因为我们如果没有和他之间存在这种内在的联系，我们永远也不会看到生活中所蕴含的新的可能性，也永远不会抓住创新改变和重新振奋的机会。

不论是各种活动家、艺术家还是管理者或者教师，每一个有

Part 1
从男孩心理到男人心理

领导能力的人，都需要与这个有创造性的、爱游戏的神圣男孩连接起来，由此才能表现出自己的全部的潜能，并有力地推进自己的事业、公司或者自己和周围其他人的创造性和产出能力。我们和这个原型的内在联系能让我们免于感觉已经被后浪拍到了沙滩上，免于疲惫烦躁，以致对我们身边汹涌的人类潜能视而不见。

我们前边说过，心理治疗专家总是贬低他们治疗对象中那个自大浮夸的自我。虽然有时候为了让治疗对象在情感上和认知上与神圣男孩保持距离，这有其必要。但是我们自己还真没有遇到多少人（至少是在那些接受治疗的人中）能够真正认同这个自大浮夸的自我所能给我们带来的创造性。因此，我们反而认为他们通常更应该去与之接触。我们需要鼓励人们追求崇高伟大，心怀雄心壮志。我们相信没有一个人真正愿意彻底被湮没在芸芸众生的灰暗常态之中。通常对常态的定义就是"一般化"。看起来，我们就是生活在一个强求千篇一律的年代里，"中等海拔"就是我们的特征。看起来，这些治疗专家们固执地贬低这个自大浮夸的自我所具有的闪光的一面，也反映了他们拼命与自己心中的神圣男孩切割的心理现实。他们嫉妒自己的治疗对象心中的那个神

圣男孩给他们带来的美丽和新鲜，创造性和生命力。

古代罗马人认为，每一个人类的婴孩都是带着自己的"天赋"出生的，这是从一生下来就指定给他们的守护神。罗马人给孩子过生日，更多地不是为了礼敬个人，而是向他们的"天赋"致敬，向随着他或她降临人间的神性致敬。罗马人知道一个人的自我并非其音乐、艺术、治国理政才能或其英雄业绩的源泉。这个神圣男孩才是，他是位于其内心的大写的自我的一部分。

我们需要问自己两个问题。第一个问题不是要问我们正在展现出的是宝宝椅上的暴君还是孱弱王子形象，而是要问我们是如何展现的，因为我们都在一定程度上以某种形式同时展现着这两个方面的特征。我们至少要承认，当我们极度疲乏或者非常恐惧时，都会退回到男孩状态。第二个问题不是这个富于创造性的男孩是否存在于我们内心，而是我们是如何尊重或者不尊重他的。如果在我们的个人生活和工作中，我们没有感觉到其存在，我们就要问问自己，怎么就阻碍了他的出现。

Part 1
从男孩心理到男人心理

早熟男孩

有一个很精彩的小雕像,雕的是孩提时代的伊姆霍特普(Imhotep),古埃及的祭司和维西尔(古法老身边的权臣,相当于宰相)。伊姆霍特普正坐在小王座上读着一幅卷轴。他的面部表情温柔沉静,但是散发着内在的光彩。他恭敬地手捧卷册,目光落在下面的文字上。他的整个姿态优雅、沉着、专注与自信。虽然这不是一幅写实的画面,但这座小雕塑就是早熟男孩原型的形象。

当一个孩子积极努力地学习,当他的头脑转得飞快,当他很想与其他人分享学到的东西,这就是早熟男孩正在展示自己。他的眼睛炯炯有神,身心充满活力,这说明他正在理念的世界中探索。这个男孩(未来的男人)想知道一切事物背后的原因。他问自己的父母:"天空为什么是蓝的?""为什么树叶会落?""为什么事物会走向死亡?"他希望知道更多的"如何""什么"和"哪里"。他们经常在很小时就开始阅读,以便能解决自己心中的

疑问。他通常是个好学生，愿意积极参与课堂讨论。这个孩子也会在一个或者多个领域表现出天赋：他可能很会画画，精于弹奏乐器，也可能体育很好。早熟男孩就是所谓神童的源泉。

早熟男孩是我们好奇心和冒险冲动的本源，他催动着我们去探索、开拓那未知的神奇世界，他使我们对周遭的世界和内心世界发出惊叹。那些受到早熟男孩原型深刻影响的孩子们非常想知道是什么在左右别人和自己。他想知道别人为什么会那样做事，为什么会有那样的感受。他总是内向而深思，能够发现事物之间隐秘的内在联系，比常人更早实现和周围其他人的认知脱离。虽然为人内向爱深思，但他也有外向开放的一面，愿意与其他人分享自己的真知灼见和天赋才能。他经常体验到想用自己的知识帮助他人的强烈冲动，他的朋友们经常找他来哭诉或者帮助解决作业中遇到的难题，对他们而言，他的肩膀可以倚靠。他能使一个人始终保持活跃的惊奇感和好奇心，不断促进自己的才智增长，让自己向着成熟的祭司的方向前进。

Part 1
从男孩心理到男人心理

"百事通"骗子

和所有不成熟男性原型的阴影形态一样,早熟的男孩的两极化阴影也能延续到成年时期,这将导致其成年后在思想、情感和行为方面表现出与年龄不相称的幼稚状态。就像这个名字所暗示的那样,这个"百事通"骗子是一种不成熟的男性能量,在自己和他人的生活中玩弄各种性质或轻或重的欺骗手段。他精于制造假象,然后向我们兜售这种假象。他引诱别人相信他,却趁人家站起来时撤掉板凳。他引诱我们相信他,信赖他,然后背叛我们,看着我们的惨状露出一脸坏笑。他把我们领进丛林的天堂,却给我们上了一桌添加了砒霜的宴席。他总是在寻找下一个傻瓜,施展他的恶作剧,狠狠地捉弄,他就是一个操纵者。

当这种原型"百事通"的一面体现在男孩或者男人身上时,就表现为他以威吓众人为乐。靠着这种"百事通"能力,他总是夸夸其谈。要是个学生的话,他就愿意不断在课堂上举手,倒不是为了参与课堂讨论,而是为了让同学们明白,自己才是出类拔

萃者。他想诱导大家相信，和他比起来，他们都是傻瓜。

被"百事通"迷惑住的男孩，还不光想通过炫耀智力来招摇自己的早熟。对任何主题、任何活动，他都要显出自己"百事通"的一面。曾经有一个来自富裕的英国家庭的孩子到美国来参加为期一个月的活动。此间，他拿出大量的时间来向那些他口中的平民百姓讲述自己随着外交官父亲，在欧亚各地旅行的见闻。当那些孩子想问那些外国城市的细节情况时，他这样回答："你们这些愚蠢的美国乡下佬啊，就知道些玉米地里的事儿！"他用自我感觉良好的英国上层社会的口音，尽情表现着这种高人一等的优越感。不用说，美国孩子们对此感到非常羞愤。

这种受到"百事通"力量摆布的男孩，会树大招风，四面树敌。他会恶意中伤那些自己瞧不起的人。结果是，在上小学时，你会发现，他经常被其他恼怒的孩子们围殴到桌子底下去。他会带着发青的眼眶离开这些冲突场所，但依旧怀着优越感睥睨世界。我们了解到还有一种极端的情况，这种人会认为自己是耶稣基督再生。他唯一还不清楚的事情就是，为什么别人会不认同他。

仍然受到这种"百事通"式幼稚、阴暗形态困扰的成年人，会把这种高人一等的优越感无所不在地挂在他的吊裤带上、西装

Part 1
从男孩心理到男人心理

上，装在他的公文包里，反映在他"我太忙，现在真没空和你扯"的态度中。自以为是是他的人格特征，高傲的微笑是他的标配。他经常要主导谈话，经常把友好的谈话变成他的演讲，把争论变成苛评。对那些他认为不如自己见识广博，或者意见不合的人，他心怀貌视。因为骗术是一把暗藏机关的大伞，"百事通"的戏法借此才能运行，所以被这种幼稚影响所控制的人经常欺骗别人，有时甚至欺骗自己，不是伪装自己在某个领域的知识有多么高深，就是装作自己是多么重要的人物。

当然他也有积极的一面，他非常善于让他人和自己的自我受到"货币贬值"的影响。事实上，我们经常需要这样一个挤出自我"水分"的过程。他总是能在转瞬之间，就准确地指出我们在任何方面的"注水"之处，识破我们华而不实的外表。他会乐此不疲地把我们打回原形，让我们看清自己的弱点。这就是在中世纪欧洲的宫廷上安排的那些小丑们，所能做的事情。在盛大的仪式上，每个人都在毕恭毕敬地朝拜国王，国王自己也正沾沾自喜于自己的伟大，此时这个小丑会跳到仪式现场之中，只为放一个响屁给大家听！他此刻表达的意思是："别那么使劲膨胀了，这里的每个人都只是凡人，这无关我们互相之

间有什么样的地位区别。"

耶稣在《圣经》里把撒旦称作"谎言之父",就是把撒旦和骗子原型的负面形象划了等号。然而,在《圣经》中,也以一种转弯抹角的方式,对撒旦,也就是骗子投去了一缕赞赏的目光,当然我们绝大多数人都把这一点忽略掉了。例如,在有关约伯的故事中,描写了约伯和上帝之间互相尊重的关系。上帝赐给约伯很多财富和物质的保障,健康的身体,以及一个兴旺的大家庭。约伯自然要不停地赞美上帝。这是一个互相吹捧的局面。然后,撒旦上场了,他尖刻地嗅出了整个事情伪善的一面。他是一个麻烦制造者,但是会基于事实。他的论点是,如果上帝开始诅咒约伯,那么约伯就会停止礼赞上帝。上帝不想相信撒旦说的会是事实,但是他想试试约伯,当然也许从本能上说,他对撒旦的话其实是相信的吧。还真让撒旦说着了!当上帝收回了以前赐给约伯的一切:家庭、财富和健康。约伯最终还是抛弃了对上帝伪善的虔诚,向上帝挥舞着拳头,把上帝的画像打得粉碎。上帝因为威胁约伯而得到了这般回报。

这样的情节甚至出现在伊甸园的故事中,撒旦闯了祸,因为他揭露了所谓"好"的创造欺诈迷惑的本质。上帝愿意相信,自

Part 1
从男孩心理到男人心理

己创造的任何东西都是好的,但接下来,他终于还是创造出邪恶,并将其挂在他创造出的智慧之树上。以毒蛇面目出现的撒旦,决心要揭露这完美无缺的上帝多创造出的阴暗一面。通过亚当和夏娃的"堕落",他得逞了。只有当撒旦揭露了创世中存在的邪恶,并且含蓄地说,也是对造物主的一种揭露,诚实正直的行为和针对邪恶的纠正才可能开始。

《西区故事》中的年轻帮会成员,通过插科打诨和连蒙带骗的方式在仿造的克鲁普克(Krupke)警官塑像前为自己所做的开脱,实际上再准确不过地揭露了他们的成长环境中阴暗的、不那么田园牧歌的一面。

这个骗子原型是怎么影响我们的呢?让我们假设,你正准备做你认为是自己一生中最辉煌的一次演讲。你对自己特殊的洞察力非常引以为傲!你坐在电脑前,指挥它把自己已经准备好的演讲稿打印出来,可是打印机纹丝不动。这就是你内心中的骗子正在给你故意添乱。

或者你可能要在一场重要活动上露面。你正在掐算时间计划,以便确认每个人都将等待你——其实也就几分钟的事,这惊鸿一瞥只是为了让他们看出你有多重要。最后,你走向自己的轿车,

准备开始你的荣耀之旅。这时，你发现车钥匙不见了。其实是被你锁在车里了，还插在打火开关上。傲慢惹来了报应。内心中的骗子就是这样与我们故意做对的（长期看，也许对我们是个好事）。

当然他也通过其他人来报复我们。也许你是个善于恶作剧的家伙，总是用你的花招整治别人，直到某一天，有人狠狠地把你耍弄了一番，你无奈地体会到了这份受伤的滋味。比如你一贯是个善于用标高售价蒙骗顾客的汽车推销员，可自己却被老板在佣金数目上耍了一把。

我们曾经认识一名研究生，他确实是被祭司原型的这一方面给缠住了。他总是不停歇地通过自己有趣抑或无趣的幽默曝光他人的短处，让他人因此受损。他嘲笑教授在教室里所犯的错误，笑话校长说话磕磕绊绊。他自己很有政治抱负，想按自己特别钟情的目标，策划一场学生运动。但是他把那些本来可以发展为支持者和导师的人们都得罪光了，互相疏远了。他的这种"欺骗性"行为最终孤立了自己，让自己变得无能为力。后来，在治疗过程中，通过研究美国原住民对祭司骗子的描绘，他认识到了这种原型的支配性魔力，并把自己从这种冲动性的、自我毁灭性的行为中挣脱出来。

Part 1
从男孩心理到男人心理

也许我们最熟悉的祭司骗子还是在《圣经》里面，在雅各和以扫的故事中，雅各如何通过"卖"给以扫一碗汤，就拿到了以扫的长子继承权。雅各欺骗自己的兄长，让他放弃了自己对父亲财产的所有的合法的继承权利和财富。通过操纵他人，他拿到了不属于自己的东西。

我们有必要对这种不成熟的能量有一个清晰的认识。虽然这本来有着揭露谎言的正面意义，但是如果不加节制，就会走到反面，成为对我们自己和他人都深具破坏性的力量。正因为不成熟男性能量的消极方面确实敌意十足，所以真会瓦解他人为某事付出的真诚努力，侵害他们的权利，伤害他们的美丽人生。骗子和宝宝椅上的暴君们一样，自己不愿意做任何事情，不愿意通过诚实的努力去赢得任何事情。他只是想成为自己根本无权成为的那种样子。用心理学的语言讲，他就是一个消极攻击者。

这种邪恶的能量，就想看到杰出的人栽跟头，看到重要的人黯然落败。但是骗子们并不打算取而代之，他不想承担起前者的责任。事实上，他什么责任也不想负。他们想做的仅仅就是坏了别人的事。

骗子使一个男孩或者有孩子气的男人，有了一个权威的问题。

这样一个男孩（或者男人）总是能发现一个人来作为自己泄愤的对象，并最终要对其进行攻讦。他很乐意相信所有有权的人都很腐败，都会滥用手中的权力。但是，就像被孱弱王子原型困住的人一样，他永远会因为总是游离在生活的边缘而被人诟病，从来不能为自己或者自己的行为负起责任。

他的这种能量来自于嫉妒心。这个人越是把握不到自己真正的天赋和能力，他对别人就越是嫉妒。如果我们太善妒，就说明我们对自己现实的杰出之处，我们自己的神圣男孩气质持否定态度。此时，我们最需要做的，就是去发掘自己的特长、自己的美妙和自己的创造性。嫉妒心理必然会闭塞我们的创造性。

骗子这个原型是当一个男孩或者男人的神圣男孩原型被否定或者原本就缺失时，闯进来填充他的精神空白的。当我们在成长过程中受到自己的父母或者年长的兄弟姐妹打击时，当我们的感情受到虐待时，这个原型就被激活了。如果我们不能察觉到自己有什么特长，我们的心态就会受到骗子和"百事通"的控制，我们甚至会在根本没有必要的情况下，去贬低别人的特殊才能。在"百事通"骗子的眼里没有什么英雄，因为承认英雄就意味着要尊崇他人。我们只有当能感知到自己的价值时，才会真正尊崇他人，

Part 1
从男孩心理到男人心理

才会对我们自己的创造性能量形成安全感。

天真的傀儡

处于早熟男孩功能失调阴影另一极控制之下的男孩（男人），可以说是个天真的傀儡，正如孱弱王子一样，他缺少自己的品格、活力和创造性。他反应迟钝、了无生趣；看起来甚至背不出九九乘法表，数不清零钱，不会看时间。他经常被人打上学习理解能力差的标签。另外，他也缺乏幽默感，经常对幽默笑话中的笑点茫然无感。他的身体动作也不够灵活，协调性差；当他在运动场上笨拙地丢球或者在九人中敬陪末座被三振出局，经常会成为大家的笑柄和藐视的对象。这个孩子看起来也会显得"太傻太天真"，在一起听"鸟儿和蜜蜂"歌曲的孩子们中，他是最后一个领悟到其中的情爱暗示的。

这样的男孩所表现出来的愚笨，其实是不诚实。他领会的其实远比他所表现出来的更多，他的愚笨行为可能掩盖住了他内心

认为自己来到世界使命非凡（同样也非常易受伤害）的那种自大妄想。因此，这样的天真傀儡型男孩其实是和一个隐秘的"百事通"男孩纠缠在一起，他既是个傀儡，也是个骗子。

恋母男孩

所有不成熟的男性能量都与对母亲的不同形式的过度依恋有关，也与缺乏正确的培育，缺乏与成熟男性的接触有关。

虽然受到恋母男孩原型强烈影响的孩子，可能在成长经历中缺乏对其成熟男性气质的培育，但他能够接触到这一原型积极一面的品质。他为人热情，对世界抱有新奇感，能够深刻感知与自己内心世界、与他人以及与世界万物的内在联系。他是温情的、爱交往的、有爱心的。在与母亲深刻联系（对我们几乎每个人来说，这都是最原初的关系）的经历中，他也向外界表达出自己精神性的最初的起源形式。他对世界的神秘统一性、万物相通的感受，就来自于他对给予他无限的养育之恩、无限的善以及无限美

Part 1
从男孩心理到男人心理

丽的母亲，所怀有的深切渴望。

这个母亲并非他生身的、生物意义上的母亲。在他对接触和完美的渴求方面或者在对无限的养育之恩和爱的渴求方面，这个母亲肯定常常会令他失望。当然，这个他正在感知中的母亲，已经超越了他自己的生身母亲，超越了他从尘世间的所有事物中感受到的美好和所怀有的感情（希腊人称之为爱神厄洛斯），他正在自己的内心深处感知的和想象着的母亲是伟大母亲——在很多人种和不同文化的神话与传说中，都以很多不同形式存在着这样一尊女神。

有一个部分是为解决与母亲关系问题而来做精神分析的年轻人，报告了一个惊人的观点，他说自己的无意识帮助了自己。大概是当针对他的分析过程进行到一半时，他有一次去看望自己的母亲，母子两人又陷入了惯常发生的那种争吵。他感到难以让母亲听清楚自己的观点，深感厌烦的他嘴中突然蹦出一句："所有的妈妈，强大！"这其实是个无心之失，因为他原来想说的是"全能，妈妈！"他和母亲的争论一下子冷了下来。两人都感到有点发窘，又都有点紧张地笑起来，因为母子俩都意识到了刚才所发生的口误所具有的重要含义。从这一刻起，他把自己对所有母亲

那种无畏大爱的灵性感知引向了原型化的伟大母亲。从内心深处，他坚定地顿悟了：这个原型化的伟大母亲也是自己的生身母亲的精神母亲。由此，他开始不再把自己的生身母亲当作原型化的伟大母亲来看待和要求了，开始理解和原谅她以及其他的女性，不再过高地要求她们来爱自己，因为这对她们是莫大的负担。他和母亲、女友的关系都改善了，自己的精神品格也更加深刻，此时，他把自己对深刻关联性的感觉变成了珍贵的灵性黄金。

长不大的奶嘴男

恋母男孩的阴影包括妈妈的奶嘴男和梦中人两个极端。我们都知道，奶嘴男就是"吊在妈妈围裙带子上的人"。这样的男孩会幻想和自己的母亲结婚，要把父亲从母亲身边赶走。要是没有父亲或者父亲比较软弱的话，这个所谓的恋母冲动就会愈发炽烈，这一恋母男孩两极化阴影的有害面，就有可能把这个男孩牢牢缠住。

Part 1
从男孩心理到男人心理

这种"恋母情结"或者"俄狄浦斯情结"是弗洛伊德提出的一个概念，他在关于希腊王俄狄浦斯的传奇中虚构了这样一种不成熟的男性能量形式。这个故事大家都很熟悉了。

底比斯国王拉伊俄斯（Laius）和他的妻子伊俄卡斯忒（Jocasta）育有一个男孩，他们给他起名为俄狄浦斯。因为有一个预言说，俄狄浦斯长大后会杀死自己的父亲，拉伊俄斯就把这个特殊的孩子带出宫廷丢在野外的山坡上。他们认为，在那里他将被自然的力量所扼杀。然而，正和神圣男孩的故事一样，俄狄浦斯得救了。他被一个牧羊人发现，并抚养成人。

有一天，俄狄浦斯走在一条乡村道路上，一辆经过的两轮战车差点把他撞倒。他和战车的主人打了起来，并且杀了他。他并不知道，这个他亲手杀了的人正是他的父亲拉伊俄斯。俄狄浦斯继续前行来到了底比斯，在这里，他听说王后正在招亲。这个王后正是伊俄卡斯忒，他的母亲。他和母亲结婚了，并登上了父亲的王位。没过几年，一场瘟疫降临到这个王国，这个令人震惊的事实也最终被俄狄浦斯自己发现，这个可怜的国王刺瞎自己的双目并自我流放。这个故事所隐含的心理学意义是，俄狄浦斯在无意识中自我膨胀了。他因为弑父（上帝）娶母（女神）而被上帝

惩罚。因此，他是因为在不知不觉中自大膨胀，冒犯神格而被惩罚。因为从人格发育的观点看，对每个孩子来说，父亲就是上帝，而母亲就是女神，过于依恋于母亲的孩子就会受到惩罚。

还有一个关于阿多尼斯（Adonis）的故事，他成了爱神阿佛洛狄忒（Aphrodite）的爱人。一个尘世的男孩占有了女神，这是不可接受的。于是，男孩被野猪（其实，是一个化身为动物的天神——父亲的形象）顶死了。

奶嘴男身上发生的另外一些事情是，他经常会陷入对带有母性色彩的女性的追逐中，追求与她们美好、深刻、迫不及待地融合。他永远不会满足于一个尘世的女人，因为他所追求的是天上的女神。唐璜综合征就是这样。这个恋母男孩内心的膨胀已经超越了凡人的尺度，他不甘于被一个女人拴住。

奶嘴男和其他所有不成熟的男性能量一样，想的总是满足自己的需要。他不愿意付出努力实现与一个尘世的女人的真正结合，不愿意应对包含在一段亲密的男女关系中的各种复杂感受。他根本不想承担起责任。

Part 1
从男孩心理到男人心理

梦中人

恋母男孩两极化功能失调阴影的另一极是梦中人。这种梦中人男孩把恋母男孩恋母的精神冲动推到了极致。虽然奶嘴男们也算够消极，但他们至少还主动寻找"妈妈"。然而，这些梦中人们，却感到自己与所有的人类关系都孤立、隔绝了。被梦中人魔咒所控制的男孩，只与一些虚无缥缈的事物和内心的想象世界建立关系。结果是，当别的孩子玩耍时，他坐在石头上旁观，做自己的白日梦。他成就甚微，显得孤僻而抑郁。一方面，他的梦境常常是阴郁的；另一方面，又常常像缥缈的田园牧歌一般，不食人间烟火。

困于梦中人原型的男孩，就像被其他阴影的极端形态所控制的男孩一样，也没有那么诚实，虽然这一点常常是无意识的。他那孤僻、缥缈的行为可能掩盖的是那些隐藏着的，处于恋母男孩另一阴影极端的奶嘴男原型。这个男孩转弯抹角真正表现出的，

是因为没能占有他的母亲而产生的愠怒。在他做为梦中人的沮丧情绪之下隐藏的是他寻求占有母亲的自大妄想。

英雄男孩

关于英雄男孩原型，人们有许多模糊认识。人们经常片面地认为，以英雄的姿态对待生活、实现使命，才是最高尚的。这其实只能说讲对了一部分事实。实际上，英雄只是男孩心理学的先进形态，当然也是男孩的阳刚能量所能达到的顶级形态。这种原型标志着男孩青春期发育达到了最好的阶段。然而，这仍是一种不成熟的原型。如果直接翻版到成年阶段成为占主导地位的心理原型，还是会阻碍男人实现全面成熟。

如果我们把英雄男孩视为爱卖弄的体育选手，或者恃强凌弱者，那么这消极一面就会愈加清晰。

Part 1
从男孩心理到男人心理

张扬的霸王

当男孩（男人）处于霸王这个原型的影响之下时，他总是想给别人留下深刻印象。他的策略就是尽量表现出自己的优越感，以及支配身边其他人的权力。他认为处于舞台中央就是自己天然的权力。如果他对特殊地位的需求受到了挑战，你就看他们接下来暴跳如雷的表现吧！对那些他认为挑战了他最中意的自命不凡之处的人，他会用恶毒的言辞或者动作进行攻击。这些针对他人的攻击是为了逃避承认潜在的懦弱和内心深处的不安全感。仍然处在英雄原型这消极一面影响之下的男孩，不是一个好的团队成员，而是一个孤家寡人。他会是一个有前途的初级主管、销售员、改革者或者股票市场操纵者。在战斗中，他会是一个去冒不必要的风险的战士；如果是在指挥位置上，他也会这样要求部下。比如从当年的越南战场传回许多故事，都是关于那些"英勇"的年轻军官，为了得到提拔，经常要求自己手下的战士以生命为代价去表现一些英勇行为。其中一些人，就因为这种自我膨胀的英雄

主义，枉送了性命。

另一个例子是汤姆·克鲁斯（Tom Cruise）在影片《壮志凌云》（*Top Gun*）中饰演的一个角色。这是一个年轻的战斗机飞行员，战斗热情高涨，听不得别人的意见，就是要向外界证明自己。他堪称一个爱出风头的冒险家，虽然创意闪闪发光，但却常常把自己的战机和领航员置于没有必要的险境之中。他的飞行员战友们对他的感觉就是厌恶和拒绝认同。就算是他最好的朋友，虽然喜欢他，并忠于友情，但最终还是因为他伤害自己和团队的行为而与他龃龉不合。

这部影片实际上讲述的正是一个男孩怎样蜕变为男人的故事。在一次紧张的飞行机动中，克鲁斯扮演的这个角色，由于自己的莽撞，意外地导致了担任领航员的好朋友殒命空中，他因此而陷入了深深的悲伤。还有，在角逐"王牌飞行员"的竞赛中，他输给了行事更成熟稳重的战友"冰上飞"（Iceman）。经历过这样两件事情后，他开始走向成熟，从一个青春期的大男孩，变成了一个真正的成年人。英雄男孩和成熟武士之间的差别正是克鲁斯饰演的这个角色和其战友"冰上飞"之间的差别。

Part 1
从男孩心理到男人心理

那些受到英雄原型阴影中张扬的霸王这一极影响的人，对自己的重要性和能力水平，感觉特别膨胀。一名企业高管最近告诉我们，当面对公司中这种"年轻英雄"们时，他不得不经常告诉他们："你们这些年轻人固然不错，但并没有你们自己想象的那么好。以后的某一天，你们可能会成为一把好手，但现在还不行。"

当认为自己已经强大到无懈可击时，当认为对别人来说梦一般不可能的事情唯独会钟情于自己时，当认为自己敢于挑战那些不可一世的敌人并将其打倒时，这样一个英雄原型的男人就出现了。但是如果这些梦想对他来说确实是不可能的事情，如果这个敌人他的确不可战胜，那么这个所谓的英雄就会陷到麻烦里。

其实，我们对这种情况早已司空见惯。这种自认为刀枪不入的感觉，这种称王称霸、耀武扬威的表现，以及所有这些不成熟的男性能量形式所表现出的那种君临天下的傲慢，都会让此君深受英雄原型阴暗一面的影响，处于自我毁灭的危险之中。他最终会搬起石头砸了自己的脚。英雄气十足的巴顿（Patton）将军即使非常富于创造力、想象力，至少在某些时候也非常能够激励士气，但最后还是以落败黯然收场。他是被自己打败的，导致其失败的

因素包括盲目的冒险冲动，与英军将领蒙哥马利（Montgomery）孩子般的叫板，还有他虽然富于真知灼见但像孩子一样口无遮拦的评论。准确地说，因为他只是一个不成熟的英雄，而非一个真正的武士，所以他没有得到真正能让他才尽其用的战斗任务，例如，上级没有安排他在对欧洲发动的联合攻击中打头阵，而只是安排他在一旁待命。

和其他不成熟的男性原型一样，英雄原型的男子也过于依恋他的母亲。但是他有一种强劲的欲望想要征服她。他看起来真在与女性进行着一场生死战，用尽努力只为征服女性，来确认自己的阳刚之气。在中世纪关于英雄和少女的传说中，我们很少被告知，当英雄屠龙成功，与公主结婚后会发生什么事情。我们没有听说过他们婚后生活怎么样，因为这种英雄原型的男子，当他抱得美人归以后，根本不知道下一步的相处之道。他不知道当事情转入正轨以后，又该怎样生活。

英雄之所以会败走麦城，是因为他不知道自己的局限性，也不会承认它。处于英雄阴影影响之下的男孩或者男人，不会真正意识到自己就是一个凡人。他的特点就是否认死亡这一人类最终

Part 1
从男孩心理到男人心理

的局限性同样适用于自己。

在这一点上,让我们用一点时间思考一下,在西方文化中英雄的本质。看起来,这种英雄本性主要体现在"征服"自然以及利用和操控自然上。对于挑战自然这样一项不够成熟而又不无傲慢的事业来说,污染和环境灾难就是越来越明显的惩罚。医疗事业发展基于一个不言而喻的假设:疾病,甚至死亡本身,都可以被攻克。在面对人类的局限性时,我们现代人的世界观有着严重问题,当我们不能正视自己真正的局限性时,我们就会自我膨胀,早早晚晚,我们要为此买单。

懦弱男孩

懦弱男孩是英雄原型两极化阴影的另外一个极端,其表现是极端不愿意与他人发生身体对抗。遇到打架的场合,他总会落荒而逃,也许还会以"大丈夫能屈能伸"来做自己的辩护之词。虽然会找这样的借口为自己辩护,但他实际上内心会苦恼难过。他

不光会逃避身体的肉搏战，在精神上和智力上，也甘于被人碾压。当受到他人霸蛮对待时，这种懦弱男孩原型影响的男孩或者男人，难以感到自己身上的英雄气概，常常会选择屈服。他很容易受到他人的威胁，感觉自己就像放在门口的脚垫一样，被人欺负和碾压。可是，当他感觉受够了这种欺负时，他身上潜藏的属于张扬的霸王一极的自大狂妄一面也会爆发出来，会向他的"敌人"发动激烈的言语和/或身体攻击。对他们这种"兔子咬人式"的反常举动，对方往往完全没有心理准备。

对张扬的霸王/懦弱男孩原型的负面或者阴影一面，我们已经进行了详细描述，我们当然会问自己，为什么这种英雄原型会出现在我们的心智中，为什么这会成为一个男人成长史上的一页？它能帮助我们在哪一方面适应进化的需要？

英雄原型的意义就在于动员起男孩脆弱的自我结构，使自己在少年时代结束时，能够实现与母亲的分离，开始独自面对人生，承担起生活所赋予的艰难使命。英雄能量能够调动起蕴藏在男孩体内的阳刚之气，使之在男孩的成长过程中得到精炼提纯，帮助男孩建构自己的能力、实现自强自立；让他能够亲身体验自己的生命破土萌芽的洪荒之力，感受自己的生命顶着困难，甚至敌意

Part 1
从男孩心理到男人心理

的力量"蜕皮重生"的不屈斗志。英雄能量能够让他建立起自己克服无意识巨大力量（至少对男人来说，其中很大一部分是对女性、母亲的感受）的桥头阵地。英雄原型让男孩开始肯定和重新定义自我，把自己和其他所有人区别开来，最终，作为一个独特的人，他又能和其他人全面地但又创造性地联系起来。

在英雄气概的鼓舞之下，男孩开始冲击极限，挑战那些看起来棘手的难题。它能鼓励男孩去实现那些看起来不可能的梦想，如果他有足够的勇气，最终这些不可能就会成为可能；它能为男孩输入内力，让他敢于与看起来不可战胜的敌人战斗，如果不是被英雄气概所激荡，也许他只有跪地认输一条路。

我们再一次表明我们的观点，那就是精神治疗专家们总是自知或不自知地伤害英雄原型所能给一个男性带来的"灵光"，更不用说他的亲戚、朋友、同事和那些居于权威地位的人士了。我们的时代不是一个呼唤英雄的时代，而是一个嫉贤妒能的时代。在这样的时代，无精打采和孤芳自赏是惯常之道。任何一个人，如果想发出点异样的光芒，或想要"鹤立鸡群"，都会被那些面目晦暗不清的、不请自来的"同类们"使劲拉回所谓正常的生活轨道。

国王 武士 祭司 诗人
King Warrior Magician Lover

  我们的世界需要大力重振英雄主义。不论在这个星球的什么地方，人类社会的各个领域看起来都正滑入无意识的混乱之中。只有当英雄主义精神能够大行其道，才能制止这种局面进一步滑向毁灭的境地。所以要挽救这个沉沦的世界，就需要英雄儿女们豪气勃发，担当大任。冒着巨大的风险，这些英雄们抓起利剑，冲向无底深渊，冲向龙潭虎穴，冲向被恶魔施咒的城堡。

  英雄的结局是什么？几乎在全世界的传说和神话中，他们的结局都是"灭亡"，都是成为神祇，羽化升天。我们都知道耶稣复活和升天的故事，或者俄狄浦斯最后消失在科罗诺斯（Colonus）的光芒一闪之间，或者以利亚（Elijah）乘坐着一辆烈火战车直上云霄。

  英雄的"死亡"也标志着男孩时代和男孩心理的结束，也是成年男人时代、男人心理的开端。英雄原型在一个男孩或者男人生命里的终结，就真实地表明，他已经最终遭遇了生命的局限性。他遇到了敌人，而这个敌人正是他自己；他遇了自己的阴暗面，自己非常不英勇的那一面。他与恶龙战斗过了，但自己被烧得遍体鳞伤；他挑起了一场革命，却在革命这杯烈酒中品到了自己残暴天性的渣滓。他已经克服了对母亲的依赖，却意识到没有学会

Part 1
从男孩心理到男人心理

怎样去爱公主。英雄形象的"死亡",标志着男孩或者男人和自己的真正的谦卑之心相遇了。这是他英雄意识的终结时刻。

我们相信,真正的谦卑,包括两件事情:第一是知道我们的局限性;第二是要寻求必要的帮助。

如果我们被这种英雄原型所支配,我们就会受到这种能量消极一面的压倒性影响,就会产生这种自我膨胀的感觉,而且会实施这种张扬的霸王式的行动,就像影片中汤姆·克鲁斯扮演的这个角色的行径。我们会从别人身边扬长走过,心中满是傲慢和冷漠,而最终我们会走向自我摧毁,为他人耻笑,也为人群所冷落放逐。如果我们处于英雄原型两极化阴影的消极一极,就是被懦弱男孩原型所困,那么我们就会缺乏去追求任何对生活有意义之事的动机。不过,如果能够以正确的方式,运用英雄原型的能量,我们就能推动自己向人生的极限挑战,我们就会突进到作为男孩所能到达的前沿地带,从此出发,如果我们能够有力地实现自身的转变,就会为自己从男孩向男人的转化做好准备。

chapter 04 男人心理

一个人要得到全面发展，释放自己的全部潜能，是非常困难的。因为存在于我们内心的那些幼稚能量，会对我们向上成长形成强大的"地心引力"。我们需要付出艰苦努力与这向下的"引力"做斗争，建起我们童年时代的第一个心理结构金字塔，然后是包含我们成年男性自我核心结构的金字塔。古代玛雅人很少拆毁城市的早期建筑，和他们一样，我们也不愿意把童年时代的心理结构金字塔模型一拆了事。因为它们曾经是、将来也会是我们的成长发动机，还是我们从自己童年时代的能量源泉中继续汲取力量的一条管道。但是我们需要继续努力，在以前这些旧建筑遗留的土坡台阶上继续铺石夯基，我们还需要一砖一瓦地建设，努

Part 1
从男孩心理到男人心理

力实现获得成熟男性气质的目标，直到有一天我们能够立于这新的平台顶部，像一个拥有四座城堡（注：意指四种原型）的国王一样，巡视我们的疆土。

在这个建设工程中，我们能够运用的技巧有很多。它们包括：梦的解析、再次入梦和改变梦境、积极想象（在想象中，自我在其他事情之外，还与我们的内在能量模式进行对话，并由此实现和它们的分隔和接近）、不同形式的心理疗法、对原型的积极方面进行冥想和祈祷、在一个精神上的长者带领下经历一次神奇的仪式过程、不同形式的灵性训练以及其他各种各样的方法。这些方法对于将一个男孩变成男人这个艰难的过程来说至关重要。

我们已经确认的成熟男性能量的四种主要形式是国王、武士、祭司和诗人。这些原型都是互相重叠的，而且在理想状态下，也会互相补充。一个好的国王，往往也会是个武士、祭司和诗人。另外三种原型也同样如此。

我们已经知道，男孩的各种原型之间也是互相重叠、互相印证的。比如，神圣男孩会自然地导致恋母男孩的出现，而这两种原型集合起来，就是我们通常看到那种大男形象的男人所具备的核心特质，他们一般外形英俊、充满生气、容易接触、暖心体贴、

富有灵性。这个男孩的自我需要早熟男孩原型的洞察力，以帮助自己和这些能量模式区分开来。而其他三种男孩的能量模式共同催生了英雄男孩的诞生，这就使他从"女性"无意识的统治之下挣脱出来，帮助男孩建立起作为独立个体的身份。英雄男孩原型为男孩成长为男人做了必要的准备。

所谓原型是一种神秘的实体或者能量流，它们可以被看成一张纸下面放着的一块磁铁。当你在纸面上洒下一些铁屑，它们马上就会按照磁力线的方向自动形成一定的图案。我们可以看到铁屑形成的图案，但是看不到纸面下的磁铁；或者说得更清楚一点，我们看不到磁力本身，而只能看到它存在的有形证据。原型的存在正与此类似。我们看不到它的实体，但能够体会它的作用——不管是在美术作品、诗歌作品、音乐作品、宗教经典还是科学发现中；也不管是在我们的行为模式中还是思想感情中。所有人类创造性的作品和人类的行为都像是这些铁屑，指示着原型力量的存在。我们可以通过这些外在表现，来研读各种原型的形式和模式，但永远看不到这些能量本身。它们虽然互相重叠、渗透，但是我们依旧能够把它们分辨、区分出来，以达到阐明、解释的目的。通过积极主动的想象，这些原型能量又能实现重新组合，这有助于我们在自

Part 1
从男孩心理到男人心理

己的生活中，实现各种原型能量影响的平衡作用。

珍·信田·博伦（Jean Shinoda Bolen）曾经提出过一个很有帮助的说法，她把这一过程比喻成一次进行顺利的董事会议，把我们自身像一团乱麻般错综交织的各种原型视作参会人员，先是对其拆解隔离，再重新融合归纳。在会议过程中，董事会主席会让每个参会人员就会议正在讨论的问题，开诚布公地说清自己的观点。一个好的会议主席，总希望大家畅所欲言，全面掌握大家的观点及其理由。其中有些人的观点可能不那么中听，也有些人可能干脆缄口不言。有些人看起来就说不出什么有价值的建议，对会议也没什么建设性可言，另外一些人则时不时地就会有让人耳目一新的高超见解。后者的意见，往往会得到大家的首肯，虽然这样的真知灼见经常出自那些牢骚满腹、态度消极的董事会成员之口。不管怎样，他们的意见得到了明白地表达，问题得到了深入的讨论，于是董事会主席要求大家进行投票表决，以形成结论。董事会主席投出的一票往往具有决定性。

我们每个人的自我就好像是这位董事会主席，董事会成员就是我们内心的各种原型。每种原型的声音都应该被听见，都应该保持独立的立场，都应该成为我们输入的一部分。但是在自我统

领下的这个完整的人，要对我们的人生做出最终决定。

正如我们提到的那样，在我们这个星球上，男人心理也许总是稀缺的事物。今天更是如此。我们周遭的物理环境和心理环境糟糕到令人吃惊的程度，而我们在绝大部分时间，在绝大部分生活地点，都处于其影响之下。充满敌意的环境，常常会令一个组织发育不良、扭曲变形或者发生基因突变。探究其中的原因，构成了哲学的主要内容。我们需要承认自己的处境所面临的这一重大困难。因为只有当我们能让自己看清楚问题的严重性，并承认这是我们面临的主要挑战时，我们才能开始采取正确的行动，采取对我们和他人的生活有益的行动。

在心理学中有个说法，就是我们不得不为那些我们本没有责任的事情承担责任。这就意味着，我们（其他当年的婴幼儿也一样）不应该为当年发生的那些阻碍我们正常成长、固化我们心智的事情负起责任，因为那时我们的个体人格还没有形成，还受不成熟的男性气质影响。但是像影片《西区故事》中那些犯罪者一样，以此为自己的反社会行为开脱，把自己现在的行为统统归咎于过去，对我们来说并不可取。

我们现在所处的是一个心理学的时代，而非体制的时代。以

Part 1
从男孩心理到男人心理

前那些由体制结构负责,并经由一定的仪式过程操办的事情,现在都需要我们在自己内心的舞台上为自己操办。我们的文化是个体中心的而非集体中心的。

我们所处的西方文化推动我们去进行个人奋斗,像荣格所说的那样,要求我们变成彼此独立的个体形式。我们必须把那些以前或多或少由我们每个人彼此在无意识中共同完成的事情,比如成熟的男性身份认同的形成过程,变成一个需要有意识地把各个个体联系起来的过程。我们现在就要去面对这样一个任务。

Part 2

男性心智解读——成熟男性气质的四个原型

King Warrior Magician Lover

Rediscovering the Archetypes of the Mature Masculine

Part 2
男性心智解读——成熟男性气质的四个原型

chapter 05 国王

在所有男人的心智中，国王原型的能量都是与生俱来的。它与其他三种原型的关系，正和神圣男孩原型与其他三种男孩原型的关系一样。从重要性上讲，这种原型居于首位。它是其他三种原型的基础，而且以完美的比例包含了其他三种原型。一个优秀的、具有高产出能力的国王，同时也会是一个优秀的武士，一个积极的祭司和一个知心诗人。可是，对绝大多数男人来说，都是在最后才变成了一个国王。我们可以说，现在的国王就是以前的神圣男孩，不过是经过了岁月的风霜洗礼，此刻更加全面和睿智，就和神圣男孩从天性出发而专注于自己一样，他此刻也自然而然地变成了一个无私的人。好的国王拥有"所罗门王的智慧"。

神圣男孩容易有一种幼稚的、神化自我的自大心理，这一点在坐在宝宝椅上的暴君这一极端表现得更为突出。受这一影响所及，国王原型下的每个男人其男性气质在形式上也很接近于父亲。这是最本初的人，是亚当，是心理学家所称的存活于每个男人心中的"人子"（Anthropos）。弗洛伊德认为国王原型就是"原初先民的原初父亲"。在很多方面，国王的能量就表现为父亲的能量。我们从经历中能够感知到，虽然国王是父亲原型的基础，但他比父亲的形象更全面也更基本。

从历史观点上说，国王总是威严的。但是作为凡人，他们又相对没那么重要。重要的是王权，或者说国王能量本身。臣民经常在老王晏驾，新王准备登基时，听到那句著名的口号"国王殡天了，国王万岁！"这个现世的国王是国王能量的化身，这股能量暂时寓于其身，使其能为臣民服务，为他的王国（无论规模如何）服务，为宇宙服务。但这也是一个可替换的角色，是一个人身化的载体，是要负责把这个有序化的、高生产力的国王原型带到人世，带到人类生活中间。

正如詹姆斯·弗雷泽（James Frazer）和其他人已经观察到的那样，当一个国王所有的属于国王原型的能力开始衰退后，这个

Part 2
男性心智解读——成熟男性气质的四个原型

古代国王经常被仪式化地杀掉。其中重要的原因就是，这种属于国王原型的产出能力已经不能再与这个年老虚弱的凡间老人的命运联系起来了。随着新国王的崛起，国王原型的能量又在他的身上再现了，在王国属民的生活中这种国王原型的能量已经被新国王刷新了。事实上，整个世界都已经旧貌换新颜了。

在第 3 章中我们提到，尤其是对英雄原型来说，男孩气质原型的终结也便是男人气质的诞生，男孩心理的结束也就是男人心理的开端。那么当这个英雄，也就是这个青春期的孩子被"杀死"后，又会发生什么事情呢？

一个年轻男子，在从男孩时代进入男人时代的当口，做了一个梦。他的梦境诠释了英雄死亡的时刻，并且展示了他新的成熟男性气质，最终会是什么样子。它显示出这种国王能量将逐渐显现，而不是在接下来的几年中一下子全面实现。他的梦境是这样的：

我是古代中国的一个雇佣兵，我惹了一堆麻烦，伤害了许多人，为了我自己的利益扰乱了王国的秩序。我就是一个不法之徒，一个唯利是图的雇佣兵。

国王 武士 祭司 诗人
King Warrior Magician Lover

中国皇帝的军队正在追赶我，我穿过乡野，穿过树林，拼命逃窜。我们都穿着某种类型的铠甲，带着弓箭，可能还有刀剑。我正穿过树林，突然发现地上有个洞，可能是一处洞穴的入口，我赶快冲进去藏身。等进到里面，我发现这是一条很长的隧道。我顺着隧道往里跑，中国的兵丁看见我进洞了，他们也跑进洞中追赶我。

等跑到隧道尽头，我看到在很远处，从上方投下一束浅蓝色的光柱，也许是上方岩石中有一处缝隙吧。等我走近一看，看见光柱落在一间巨室中，是一间地下室。室中是个绿意盎然的花园。中国皇帝正站在花园中，身上穿着红黄两色精心制作的龙袍。我无处可藏。身后的兵丁正在逼近。我只好在皇帝面前现身。

无法可想，我只好跪倒在他的面前，对他表示顺从。我感到自己在他面前非常谦卑，好像我的生命的某个阶段就这样结束了。他低头以父亲一样的神情看着我，好像没有一点愠怒之感。我感觉他好像已经阅尽世事，历经沧桑，人生的种种险奇在他眼里都已见怪不怪：贫穷、财富、女人、战争、复杂的宫斗、背叛他人和被他人背叛、苦难和欢乐，总之，人生的一切，都不过如此。出于这种饱经风霜的、非常老到的古老智慧，他

Part 2
男性心智解读——成熟男性气质的四个原型

现在对我温情以待。

他的言语十分温和:"你必须死去。三个小时后,你就会被处死。"我知道他说的是实话,我们之间有着密切联系。他以前貌似也曾处在我这种位置;他知道这些事情。我感到非常平静,甚至还有一丝喜悦,我臣服于自己的命运。

在这个梦境中,我们看到这个雇佣兵——英勇的男孩自我最后的极限,在国王面前,他遭遇了自己的必然命运。正如约瑟夫·坎贝尔(Joseph Campbell)所言,发生在这个男孩身上的事情,其实就是他和自己内心原初的国王原型确立了正确的关系,与"父亲"和解了。

著名的精神治疗医师约翰·W. 佩里(John W. Perry)发现,可以运用国王的力量,通过在梦想和幻觉中重组人格来对精神分裂患者进行治疗。在精神病发作时,或者在其他临界性的心理状态中,从患者潜意识的深处,一个神圣的国王形象会冒出来。在他有关这一主题的著作《神话和疯狂行为中的复兴根源》(*Roots of Renewal in Myth and Madness*)中,描述了一个年轻的男患者,他画了许多希腊式圆柱,然后把它们和一个被他称为"白色国王"

的形象联系起来。另外的病例谈到，有个患者说他看到了"海洋王后"，当上海洋王后的患者和伟大国王还举办了一场盛大的婚礼，或者教皇突然介入此事，来搭救这个幻想者。

佩里认识到他的患者正在描述的这些形象，恰与在古代关于神圣国王的神话和典礼中发现的那些形象很相似。而且他也观察到，患者们与国王能量的接触越紧密，他们的康复效果就越好。在古代时候，或者在患者们的梦境和幻觉中，国王原型的某些特征非常有条理、有秩序，具有创造性的治疗作用。他观察到，这些患者幻想古代的伟大国王发动了针对混乱力量和恶魔攻击的神话战争，然后就是在世界中央，为凯旋的国王举行辉煌的登基加冕仪式。佩里意识到，这个国王，实际上就可以成为"中心原型"，其他的心智原型都是围绕这一中心原型来组合的。他观察到，正是在这样的时候，他的患者们的意识水平更低，当有意识的自我和强大的无意识世界之间的阻隔被削弱后，这些富有创造性的、具有高产出能力的、能够增益人生的国王形象就出现了。这些患者也从痴狂的状态改善到健康的状态。

佩里的这些患者身上所发生的现象和梦到中国皇帝的年轻人

Part 2
男性心智解读——成熟男性气质的四个原型

在梦境中遇到的情况是相似的。这个幼稚的自我得到释放，落入一种无意识的状态，并和国王原型相遇了。男孩心理在此退去，男人心理从此出现，他的人格得到重组和重建。

完满的国王形象所具有的两个功能

国王能量的两个功能使从男孩心理到男人心理的转变成为可能。其第一个功能是定序，第二个功能是给予繁育能力和赐福。

正如佩里所言，国王是一个"中心原型"。像神圣男孩一样，一个好的国王位于世界的中心。他端坐在位于中央山峰之巅的王座之上，或者像古代埃及人说的那样，端坐在远古的大荒山上。从这个中心向外看，天地万物以各种各样的几何形状向外延伸，一直到王国疆界的边缘。在这里，"世界"的定义就是，由国王之手摆布、组建的那部分现实存在。在他影响的疆域之外，就是"非创造"、混乱、魔域和"非世界"。

国王的这项功能在古代神话和对古代真实历史的讲述中随处可见。在古代埃及神话中，正像詹姆斯·布雷斯特德（James Breasted）和亨利·弗兰克福特（Henri Frankfort）向我们展示的，世界以中央山峰（或者说就是个大土堆）的形式从混沌无形的一片汪洋中隆起。它们是按照圣父（Father god），也就是仆塔（Ptah）这一智慧与秩序之神的"神谕"建立起来的。在圣经中，则是由耶和华以几乎同样的办法创造了世界。现代语言哲学认为，是语言定义了我们的现实，定义了我们的世界。我们运用概念以及关于世界的思想把我们的生活世界有机地组织起来，我们只能根据语言进行思考。从这个意义上讲，语言至少创造了现实，并使我们的世界真实起来。

随着远古大荒山的扩展，陆地被创造出来，依照这一中心秩序，包括男神、女神以及芸芸众生在内的世界万物都出现了，人类以及大量的文化成果也出现了。随着法老作为神的继承者出现在世上，这个被圣王定义的世界，从法老位于远古大荒山上的王位向四面八方扩展。古代埃及人就这样来解释他们文明的诞生。

在古代美索不达米亚，开创这一文明的王者之一是阿卡德帝

Part 2
男性心智解读——成熟男性气质的四个原型

国的萨尔贡大帝，他创建了这个王国，建立了这一文明，并自称为"四方统治者"。古代人认为，世界不但是从一个中心向外扩展的，而且还按照几何原理形成了四个部分，是被十字分隔的一个圆圈。埃及金字塔自身的形状就与中央山峰相像，并朝向世界的这四个部分，朝向四个罗盘方位。古代绘制地图的方法就脱胎于这种思想。所有地中海一带的文明，以及古代的中国文明和其他亚洲文明，也都持有同样的观点。甚至连美洲原住民也这样看问题，他们可是与其他大洲和其他文明没有什么联系的。印第安苏族人的巫医黑麋鹿（Black Elk）在约翰·乃哈特（John Neihardt）的书籍《黑麋鹿论语》（*Black Elk Speaks*）中谈到，世界就是一个大环，被两条互相交叉的道路分隔开，其中一条叫"红路"，另一条叫"黑路"。两条路的相交之处就是世界的中央山峰。就是在这座山上，伟大的圣父，也就是国王能量原型，他向黑麋鹿讲述、传授了一系列启示，并由其传达给自己的子民。

古代人民把许多地方视为世界的中心：西奈山、耶路撒冷、希拉波利斯、奥林匹斯、罗马、特诺奇提兰等，而且它总是一个方方正正、组织有序、具有明确几何形状的宇宙中心。这个宇宙中心以

国王为中心，并由男人统治，是一个富有创造性力量的地方。

有关国王能量的有序组织功能的观点，真正让我们感兴趣的地方在于，这种功能不只体现在古代地图中、荒漠印第安人的沙画中、佛教艺术的造像中，或者基督教堂的圆花窗里，而且它还会顽固地表现于接受精神分析治疗的现代人的梦境中和他们画出的图案中。荣格注意到了这一点，而且他从藏传佛教中借用了一个名词来指代这种功能表现，并把这些围绕中心组织画面的圆形绘画称为"曼陀罗"。他注意到当曼陀罗的形象出现在接受精神分析者的梦境和幻想中时，患者们的症状经常得到明显改善，焕发出生机。这种现象就是康复的指针，而且就像佩里关于国王的图像一样，说明患者的人格正在以更加聚焦于中心的方式重组，变得更有条理，也更加平静。

圣王能量的这种功能，可以通过一个现世的国王，传布到王国的臣民身上，并在他们身上体现为一种属于神圣世界的有序化原则。现世的国王通过编撰法典来实现这一功能。他制定法律，或者更准确地说，他亲自从圣王能量接受这些法的精髓，并传给自己的臣民。

Part 2
男性心智解读——成熟男性气质的四个原型

列王纪（来自 17 世纪印度泥金写本。感谢法国尚蒂利公爵博物馆的支持。摄影：Giraudon/艺术资源。）

在芝加哥的东方研究所博物馆，有一根古巴比伦王国汉谟拉比王（公元前1810—1750年）大法柱的全尺寸仿制品。法柱的样式其实是一根向上指着的手指，实际意思是"听！就是这样！这就是事物的走向！"这个巨型手指指甲的位置，正是沉思中的汉谟拉比的画像，他正摸着自己长长的胡须，静听圣父沙马什的教诲，他是众神中的太阳神，是男性意识之光的最高符号。沙马什正在向汉谟拉比传授刻在手指下方以及四周的法典内容。当提到神的旨意时，这个手指本身就是古人所说的"上帝之指"。这幅汉谟拉比接受法典内容的画面，本身就展现了圣父能量传予他的人间仆人，也即凡间国王，这一反复发生的原始事件或者原型事件。这些人间的国王，正是和平、安宁和秩序的关键。同样的不朽事件也在《圣经》中得到描述，这就是摩西在原初的西奈山上从耶和华那里接受律法的故事。

这种神秘的秩序体现在王国中，甚至体现在宫殿和神庙（通常模仿宇宙的结构来布置）中，体现在人类的法律和社会秩序中——习俗、传统、明说的和暗示的禁忌——都表现了造物主的秩序思想。在古埃及的神话中，这就是神仆塔或者是女神玛塔（Ma'at）的思想："正确秩序"。我们也可以在早期希伯来人的思想中领略到这种"秩序"观念，它通过《旧约·箴言篇》中威

Part 2
男性心智解读——成熟男性气质的四个原型

兹德姆（Wisdom）这个人物形象传承，甚至在希腊语及后期的基督教教义中以逻各斯（Logos）这个词来表述，意指秩序、生产力和创造性，是约翰福音中说到的"神谕"。在印度语中，这种原型的"正确秩序"被称为达摩。在中国，被称为道，意思就是"道路"。

凡间国王的义务不仅是要接受正确的宇宙秩序，把它带给自己的臣民，并以人间社会的各种形式来体现，而且更根本的是要将之体现在自己的身上，并在自己的生活中加以实践。凡间国王的首要责任就是要按照玛塔、达摩或道的指引来生活。如果他能这么做，那么神话就会延续，王国的每一件事情，包括上帝的各种造物和整个世界，都会在正确秩序下运行。王国将会繁荣昌盛。如果一个国王不循道而行，那么他治理下的臣民就会诸事不顺，整个王国也会鸡犬不宁。王国会逐渐衰弱，国王代表的中央也难以维持，动荡、反叛就会暗暗酝酿，王国处于混乱的前夜。

当这发生于古埃及中央王国时代的历史中，我们发现先知尼弗洛呼（Nefer-rohu）描写了埃及在不按照玛塔要求的正确秩序生活的昏君统治之下，社会经济所招致的灾难后果。（我们可以回忆一下随着俄狄浦斯不虔敬的统治，发生在底比斯大地上的那些荒灾。）尼弗洛呼写道：

国王 武士 祭司 诗人
King Warrior Magician Lover

瑞[Re，另一种形式的造物主上帝]必须[再一次]打下[天下的]基础了。大地已经完全死寂……太阳之盘已经被蒙住……将光芒不再……埃及的河流已经干涸……美好的东西已经毁灭殆尽，包括那些鱼跃鸟飞、繁衍生息的池塘都不见了。美好的一切都消失了……敌人在东方出现，亚洲人涌进埃及……这些沙漠的野兽将来埃及的河流饮水，这片土地已经陷入了狼狈慌张……男人们将拿起战斗的武器，[因此]这里将烽烟四起。人们将把金属铸为箭头，祈求淌血的面包，露出病态的笑容……[一个]人的心[孤独地]追随着他……一个人坐在自己的角落里，[转过身去]不看其他人相互残杀。我让你把儿子看成仇人，兄弟看成敌人，让儿子去杀[自己的]父亲。

接着尼弗洛呼的预言是一个新王即将崛起，正确秩序的原则将在他的身上得以体现。这个新的王将复兴埃及，匡正寰宇。

[然后]这个王就会降临，他属于南方，名字叫爱曼尼（Ameni），意思是胜利者。他是努比亚地方一个妇女的儿子，出生于上埃及地区。他将拿走[白色的]王冠，戴上自己红色的王冠，他将和两个猛士联合起来，他将用他们所渴望的事物来满足他们。这片环形的地域将在他的控制之下……开心地笑吧，新王

Part 2
男性心智解读——成熟男性气质的四个原型

时代的人们！这个男人的儿子将会让他的名字万古流芳。那些心存险恶的家伙和密谋造反的家伙因为惧怕他而把自己的话咽回肚子里。亚洲人将伏倒在他的剑下，利比亚人将被他的气焰慑服……作为统治者，他会建起守护生命、繁荣和健康的高墙，亚洲人再不能长驱直入进犯埃及……公正会降临他的国土，罪恶之事将被逐出。盛世欢乐，他将目睹！

运用同样的办法，中国皇帝凭借"天命"统治着他的国家。天在这里同样意味着"正确秩序"。当他们不能按照天的意志行事时，有人起义造反就算是替天行道，改朝换代就会出现"国王殡天了；国王万岁！"。

首先，世间的国王要秉承圣父的成熟阳刚能量行事，要在自己的生命中建立起秩序，按照秩序生活；然后，他才能把这种秩序广兴于天下。他不但在自己的王国推行这种秩序，还要在王国的边缘地带，在拓宇开疆的新地界和外围混乱局面的交汇点上推行秩序。此时，我们能看到国王作为武士的一面，他抗击"亚洲人"和"利比亚人"的威胁，努力推行和维护秩序。

**引自詹姆斯·B.普利查德（James B. Pritchard）编著的《古代近东：文本与图片集》（普林斯顿：普林斯顿大学出版社，1958）第254-257页

用历史的观点看，凡间的国王这么做是在履行着上帝仆人的责任，是圣父原型在尘世的体现；而在我们的精神世界中，或者在深沉、永恒的潜意识世界里，也是圣王原型在为我们维持着秩序。我们可以想想古巴比伦的主神马杜克（Marduk）和化身为恶龙提亚马特（Tiamat）的混乱势力战斗的故事。马杜克击败了她的恶魔军队，杀死她，用她的身体创建起一个有序的世界。或者我们也可以看看迦南人的太阳神巴力（Baal）杀死了代表着混乱和死亡的双胞胎恶魔雅姆（Yamm）和魔特（Mot）的故事。我们也可以在《圣经》的赞美诗中读到，在所谓的即位仪式中，也体现着这种圣父的能量。在这个仪式上，耶和华即希伯来人的上帝耶和华，击败了巨龙贝西莫斯（Behemoth）或者深渊女神（Tehom），然后登上王位，号令天下，重整河山。

一个一望便知的情况是，在当代，当一个家庭中的父亲角色不成熟、虚弱或者干脆缺位时，这个家庭的运转就会机能失调，这种圣王原型的能量就不会充分呈现，这个家庭很容易就会陷入无序和混乱。

与它的定序功能相协同，圣王原型能量第二个至关重要的福祉表现为繁育能力和赐福。古人总是把包括人、庄稼、牲畜以及

Part 2
男性心智解读——成熟男性气质的四个原型

整个自然世界在内的繁育能力,与由上帝创造的秩序联系起来。在男权制产生之前的一段时间,大地母亲被视作繁育能力的主要来源。但是当男权文化上升到主导地位以后,生育源泉的关键从女性转移到男性身上。这不是一次简单的变换,也从来没有彻底完成。与客观的生物学理论一致,古代神话认为,只有阴阳结合才能真正具备繁育能力,至少在实体层面如此。然而,鉴于男权长期主导社会的历史现实,在文化层面,说到文明和技术的创造,说到掌握自然世界,男性的产出能力是最为杰出的。

古代的圣王,成为很多人生命力量、性欲冲动或者宇宙精神的基本表达。他们总是被视为男性气质,以及生产能力和创造能力的单独源泉,同样也被视为繁育能力和赐福能力的唯一源泉。我们很多当代的信仰都与古代的男权制社会的信仰一脉相承。

圣王赐予繁育能力和赐福的功能在很多神话传说和明君故事中都有所体现。在神话世界中,我们看到伟大的圣父投入到与女神、小仙女以及凡间的妇女的各种各样的两性关系中。埃及的太阳神阿蒙拉(Amun-Ra)在天上的后宫里妻妾成群,宙斯的风流韵事更是众人皆知。

不仅是通过性行为育下的神性或者人性的孩子们表现出了圣

王能量的繁育能力。这种繁育能力也是其创造性的定序大业本身的结果。比如迦南人的太阳神巴里，在击败了混沌之海的恶龙之后，因为热爱大地，因此命令混乱的水流化为降雨、大河和溪流。这种经天纬地的定序大业使植物第一次有可能茂盛起来，然后动物群落也随之兴旺起来。农业和畜牧业的繁荣发展因此成为可能，人类作为其特殊的受益者当然从中受益至深至广。

埃及的《阿托恩颂歌》中唱到，是因为阿托恩的经天纬地之能，才使世界变得繁荣，得以延续。他在埃及的大地上布置了尼罗河，因此鸟儿才能在芦苇丛中筑巢生活，高兴地为阿托恩赐予它们的美好生活鸣唱；因此牛群才能繁衍生息，小牛犊们才能幸福而满足地摇着小尾巴嬉戏和成长。阿托恩还为其他人布置了"天上的尼罗河"，让他们也能体会生活的丰裕。他又对整个世界进行了治理和整顿，让各个种族、操着各种口音的人们都能享受生活的福祉，都能繁衍生息。大家都按照阿托恩的设计，各美其美，并行不悖。

当凡间的国王消逝后，他的王国连同王国的秩序和繁衍能力都会荣光不再。如果这个国王精力旺盛、欲望强烈，他就有能力向他的众多妃嫔广布雨露，他就会子孙绵延、枝繁叶茂，整个王国也会显得生机盎然。如果他的身体保持健康强健，心思保持机

Part 2
男性心智解读——成熟男性气质的四个原型

警敏捷,那么就会万物生长、牛羊成群、商人生意兴隆、百姓人丁兴旺。雨水将如期而至,埃及尼罗河每年的洪水都会肥沃两岸的土地。

在《圣经》中,我们可以看到希伯来国王和族长的故事表达出同样的观点。耶和华要求他们做两件事情:首先,他们要行在他的道中,这里的道也就是中国的先哲所说的道;其次,他们要生养众多,要妻妾成群、子孙满堂。我们可以看一下众位族长,包括亚伯拉罕、以撒和雅各,如果一个妻子不能生育,她就会为她的丈夫找另外的妻妾,以便他能接续香火,继续自己的繁衍功能。

我们看到大卫王在王国内广置妃嫔,为自己生儿育女。其要义就是,当这些男人在生理和心理上都大放异彩,他们的部落和王国就会同样兴旺发达。在神话中,凡间的王就是天上圣父能量的化身,而他的领土和王国就是女性能量的体现。事实上,从象征意义上讲,国王和王国、领土,就是婚配的关系。

通常情况下,国王登峰造极的定序/生育伟业,就是以和王后成婚的形式,与属于他的国土成婚。只有当他与王后结成富有创造力的伴侣,才能保证他的王国五谷丰登。以生儿育女的形式把

创造性能量输送给王国，是国王夫妇的神圣职责。王国的繁荣程度就是皇家的生育能力的写照，因此，让我们记住，后者是王国的中心环节。不唯生育，其他形式的创造也是王国的中心任务。

当一位国王病弱失能，他的王国也就会失去活力。风不调、雨不顺，禾苗难以生长，畜群难以繁殖，土地干涸龟裂，人民垂死挣扎，连商人也生意凋敝，濒临破产。

所以凡间的王国就对应着天上的天国，国王就是把圣父能量从神圣世界引向凡间世界的纽带，他是神性和人性之间的中介，就好像汉谟拉比站在沙马什面前一样。换言之，他们就是主动脉，生命力的血液由此源源不断地从天国传输到人世。因为他位居中枢，从某种意义上讲，王国的一草一木都是他的（因为他对这一切可谓生死予夺）。无论禾苗、无论牛羊、无论人民、无论女子，普天之下莫非王有。然而，这只是理论上的。凡间之王大卫和美丽的巴希巴（Bathsheba）通奸就是违反原则的事情。这样的现象促使我们讨论关于阴影国王的话题，我们将在片刻之后，对此进行讨论。

不只是与身体感觉直接相关的生育能力，以及从圣父能量的第二个功能所产生的一般意义上的创造性和繁殖力，要通过

Part 2
男性心智解读——成熟男性气质的四个原型

国王的会通之功来实现，圣父能量的赐福功能同样也要如此实现。赐福是一种心理的或者说精神性事件。世间的明君经常向那些理当受到圣父赐福的世人，传递和确认这份福祉。他的这项福祉可以以实在意义赐予世人，比如向立于宫殿之下的人们赐福；更是要在心理感觉上，向世人传布，要注意到他们、理解他们、认可他们的真正价值。明君会非常高兴在自己的王国之中，发现那些才德之士，并擢升他们，让他们德配其位。他立于大庭广众之前，主要不是为了一展威仪（虽然在某种意义上说，向臣民们展示自己与他们的心中的圣父形象一致也很重要），而是要去面见臣民们，去赞美他们，让他们感到欢喜；去酬谢他们，把荣耀授予他们。

有一幅美丽的古埃及油画，画的是法老阿肯那顿（Akhenaton）站在皇宫的露台上，沐浴在他的圣父太阳神阿托恩的灿烂光芒中。他向站在露台下面的自己最好的追随者们，自己最能干、最忠诚的臣民们，抛出黄金打造成的链子。凭借像太阳一样至精至纯的阳刚意识之光，他能够深刻地理解自己的臣民。他认可他们，在他们之前自己同样显得生气勃勃。他把祝福赐予他们。接受到祝福的臣民们心中激起了巨大的心理波澜。有研究证明，当我们被别人认为有价值、被别人表扬和祝福时，我们连身体都实实在在

地发生了化学变化。

当今的年轻人，渴望来自长者的祝福和来自圣父能量的赐福。我们认为，这就是他们难以"身心圆融"的原因。他们还没有理由达到这个程度，他们还需要被来自上述两者的祝福之光照耀。他们需要被圣父看见，因为只有当他们被看见，内心的残缺才会得到弥补，身心才会圆融自足。这就是赐福的力量：它能疗伤，能够让年轻人们身心健全。当我们被看见，当我们自身价值得到尊重，当我们因为自己货真价实的才智得到实实在在的奖赏（也许是法老手中给出的黄金），这一切才会发生。

当然，很多古代的国王就和今天很多位高权重的人们一样，与理想明君的形象相去甚远。但是，这一中心原型在我们任何人的心中都独立存在着，并且寻求通过我们自身的行为体现在我们的生活中，去创造、去补强、也去祝福。

我们认为明君应该具有哪些美好的人格品质呢？根据古代神话和传说，什么又是成熟的男性气质所应具有的品质呢？

神完气足的圣父原型在男人心理层面所应具备的品质包括秩序、理性和合理的模式、协调以及正直。这能够稳定混乱的情感

Part 2
男性心智解读——成熟男性气质的四个原型

和失控的行为，让人恢复稳定，找到主心骨，恢复平静。这一原型中的"繁育"和中心意识，调和了生命自身的活力、生命的力量和生命的欢乐，给我们带来了稳定和平衡。这能保护我们自我内心的秩序感，维护我们自身存在的完整性和目的性；这让我们在我们是谁的问题上，在建立起本质上坚不可摧的心理防线方面，在自我的男性认同方面，都能持中守静。当他以坚定而仁慈的目光观照世界，看待他人时，既能看到他们所有的弱点，也看得见他们所有的天资和价值；既褒奖他们，也促进他们进步；既引导他们，也培养他们，让他们实现自己人性的完足。他不会嫉妒，因为他对自己的国王地位，对自己的价值笃定无忧。他奖赏和鼓励所有人的创造性而不分彼此。

武士原型居于圣父原型构成的核心，也是其所表达出的主要气质。它代表着当秩序受到威胁时，圣父原型必须展示出的那种咄咄逼人的威慑力量。圣父原型也有着内在的权威力量，他能够洞察、识别万物（这就是他祭司的一面），并表现出自己的深刻理解。他喜欢我们，也喜欢别人（这是他诗人的一面），并能通过真挚的赞美之言和实在的行动来提高我们的生活品质。

当一个男人在经济方面和精神方面做出必要的努力和行动来

养家糊口，让自己的妻子和孩子能无忧无虑地生活时；当妻子想要重回学校学习做一个律师时，作为丈夫能够支持她的决定；当一个父亲能从繁忙的工作中抽出时间去参加儿子的钢琴演奏会时；当一个老板在办公室中面对一个冲撞自己的下属时，能够不炒他的鱿鱼；当一个负责生产线管理的主管能够容忍自己正在戒酒或者戒毒的下属员工来上班，支持他们重回清醒节制的生活，并有力地引导、扶植他们找回自己的阳刚气概时：以上所有这一切，都是圣父原型的能量正在通过你的身心进行表达。

这种能量就是在会议中当其他所有人都已经晕头转向找不着北时，你却能保持冷静；这种能量就是你平静而让人听之心安的声音，以及你在他人身处混乱挣扎关头时给出的鼓励的话语。这种能量还是你深思熟虑之后的清晰决策，不管是在家里、在工作场所，还是在讨论重大国事的场合，这都能穿透混乱，让众人豁然开朗。这种能量总是寻求和平与稳定，志在化育万民，让所有人循序成长，其实还不只是天下民众，他们的好生之德同样泽被环境，甚至整个自然世界。圣父心系整个王国，是自然世界和人类社会共同的守护者。

这种能量表现在古代的神话传说中，就是"民之父母"，就

Part 2
男性心智解读——成熟男性气质的四个原型

是"园丁",就是王国中所有动物、植物的培育者。他们语带威严,清晰而平静地向所有的子民确认他们应该享有的人权。这种能量慎刑重褒,这是来自世界中枢的声音,这个中枢就位于我们每个人心头的灵山之上。

阴影国王:暴君与懦夫

虽然我们每个人在自己的人生中,都体验过这种成熟男性气质的能量,但我们绝大多数人也得承认,总的来说,我们都很少体会到这种圣父能量本性俱足的完美展现,通常情况下,我们只是感受过它的片光零羽——也许我们只是在自己内心非常圆融、平静、神凝心聚的时候,感觉到自己心中有这股能量;也许我们有时会从自己的父亲身上,从一位慈祥的叔叔或者爷爷身上,从一名同事、老板、老师或者牧师身上感受过这种能量。所以,不无悲哀地说,这种积极的能量在我们绝大多数人的生活中都少得可怜。我们更多感受到的是那种我们称之为阴影国王的劣质能量。

亚瑟王［特雷弗·斯坦布利（Trevor Stubley），根据T.H.怀特苏（T.H.Whitesu）所著《梅林之书》（*The Book of Merlyn*）绘制。奥斯丁得州大学出版社许可复制。］

Part 2
男性心智解读——成熟男性气质的四个原型

就像所有原型一样，国王原型也表现出了正负两极分化的阴影结构。我们把其中更活跃的一极称为暴君，而把其消极的一极称为懦夫。

在耶稣诞生的基督教故事中，我们能够看到暴君原型的作为。当圣婴刚刚降临人世之后，希律王就发现了在自己掌控的世界中有新王出现这一事实。他派出士兵去杀害这个新王，这个刚刚降临人世的新生命。因为耶稣是个圣婴，所以他及时逃脱了。可是，留在城内的所有男婴都被他们杀掉了。当一有新的才俊诞生时，我们或者其他人心中的希律王就会跳出来发动攻击。暴君们厌恶、恐惧、嫉妒新的生命，因为他能感觉到，这个新的生命对他摇摇欲坠的王位是个威胁。这个暴君没有处在大中至正的位置上，难以体会到自己的产出能力，也难以拥有平和的心态。他没有什么创造性，而只有破坏性。如果他对自己内在的创造、产出能力和内心的秩序——自身的内在结构——感到安稳而自信，他就会对这些降生在自己王国中的新生命感到由衷的喜悦。如果希律王是这样的人，他就会意识到自己退位让贤的时刻到了，要让圣父原型的力量通过耶稣基督这个新王来向世人展现。

关于索尔（Saul）的另外一个《圣经》故事，也有着同样的

主题。索尔是另一个为暴君原型所困的凡间国王。他对新近受膏的大卫的反应，与希律王如出一辙。他感到害怕、愤怒，想要杀掉大卫。虽然先知撒母耳（Samuel）告诉索尔，耶和华已经不想让他再做国王了，也就是说不用他再充当国王能量的体现者了，但索尔的自我已经与国王合二为一了，因此他会疯狂恋栈，不愿辞去王位。世间的暴君就是那些位高权重的人（不论是在家里、公司办公室，还是在白宫或者克里姆林宫），他们也都把自己看成了国王能量的当然化身，而没有意识到事实其实并非如此。

另一个例子也来自于古代，是关于罗马皇帝卡里古拉的。虽然以前的皇帝已经对王国的人民，对罗马参议院，并通过他们的政权系统对整个地中海地区都拥有巨大的影响力；虽然他们都在死后成神封圣，但卡里古拉还是干了一件破天荒的事情，宣称自己虽在人世，但已经肉身成神。他对身边人所做出的疯狂之举、对他们进行的辱骂和虐待，说起来真是匪夷所思。罗伯特·格雷福斯（Robert Graves）的著作《我，克劳迪亚斯》（*I, Claudius*）以及根据书籍改编的电视连续剧对一个阴影国王的人生历程进行了令人胆寒的描写，这个阴影国王就是一个寄身于卡里古拉的暴君。

这个暴君剥削、虐待他人。他残忍无情、毫无慈悲之心，在

Part 2
男性心智解读——成熟男性气质的四个原型

追逐自我利益时，没有一点对他人的顾惜之心。他对别人的贬低没有止境。他嫉恨所有的美好、所有的天真无邪、所有的力量和所有的天资，总之嫉恨一切生命的能量。正像我们说过的那样，他这样做，是因为缺乏稳定的内心结构，他其实是害怕、恐惧自己内心的虚弱和萎靡无能。

正是当一个父亲陷入了阴影国王的暴君这一极时，他就会与自己儿子（和女儿）的欢乐和力量、能力与生机为敌。他们的勃勃生机和焕然一新的神采、他们澎湃的生命力量都让他感到害怕，让他想要压制和扼杀。他进行公开的言语攻击，贬低他们的兴趣、希望和才能；或者，他选择忽视他们所取得的成就，故意转过背去让他们在身后感到失望，例如当他们放学回来拿出漂亮的考试分数、自己创作的艺术品给他看时，他故意表现得心有厌烦或兴致缺缺。

他的攻击不止停留在口头或者心理虐待上，也有可能包括身体伤害。打屁股可能会变成伤筋动骨的体罚，甚至还可能有性暴力。被暴君原型所控制的父亲，可能会利用他的女儿甚至儿子的软弱进行性剥削。

一名年轻的女人因为婚姻生活麻烦丛生而来向我们咨询求

助。在甫一进入治疗，她就开始描述在家中受到的一次来自暴君的恶性性侵犯。当她大约十二岁的时候，他的父亲撇下母亲和两姐妹去与另外一个女人同居，而这个女人的丈夫则搬过来和她们一起生活。这个男人不喜他的新"妻"，反倒很快就看出了自己新继女的漂亮和懦弱。他开始强令她和自己一起睡，开始仅仅是夜间睡在他的身边。继而，逐渐强迫继女与自己发生性关系。并威胁她，如果不能如愿，他就要离开她们，她们就没有地方能得到维持生计的经济来源了。这个女孩的母亲根本就没有采取任何措施来制止女儿所受的可怕虐待，只是在一清早就埋头打扫床底下留着秽物的面巾纸，以免其把床底下塞满。

在大卫王与巴希巴的故事中，巴希巴是乌利亚（Uriah the Hittite）的妻子。有一天，大卫正在皇宫的屋顶上转悠，忽然发现巴希巴正在沐浴。此情此景让他春心大动，于是遣人把她带来，强迫她与自己发生了性关系。记住，从理论上说，王国中所有的女人都属于国王，但她们只是属于圣父的原型，而不是真的属于凡间的这个国王。但大卫在无意间把这些妇女全部看成归自己所有了。因此，他不但收了巴希巴，还把她的丈夫乌利亚给杀掉了。这个王国的幸事是，有一个叫南森（Nathan）的先知堪为皇帝的

Part 2
男性心智解读——成熟男性气质的四个原型

良知明灯,他来到大卫面前控诉他的无道。正是要感谢这位先知,大卫接受了对自己的控诉,并为自己的失德无道之行表示忏悔。

其实这种暴君的恶行,说不定什么时候,就会在我们自己的身上冒出来。当我们感觉被推到极限的时候,感到精疲力竭的时候,或者觉得自我膨胀的时候,它都会突然爆发出来。当然,在绝大多数情况下,我们还是会在某些具有特定人格结构的人身上看到这般恶行的发生,特别是在所谓的自恋型人格障碍者身上,表现更为显著。这些人真心认为自己就是世界的中心(虽然他们自己反倒没有那么神聚心凝),别人的存在就是绕着他们转,为他们服务。他们不会用心去反映别人,而只是贪得无厌地反映他们自己;他们也看不到别人,只是想让别人看到自己。

我们也能在一些特定生活方式的人群中观察到这种暴君型人物,这甚至成了他们的"职业特征",比如毒枭、皮条客和黑手党老板等都是例证;他们的存在就是以牺牲别人为代价,来不断提升自己的地位,他们考虑的就只是自己的享乐。不过,我们也能在一些广受社会认可的位置上领教这样的利己主义者。比如,当你参加面试访谈时,按说考官应该询问你的履历、接受培训情况、你对自己的期待和希望到什么样的公司就职等问题。可是,

他反而花了大部分时间来吹嘘自己的业绩、权力、薪水和公司的亮点，反而没有问你太多情况。

现在很多在公司打工的美国人都对自己的公司不感兴趣，他们只是在公司这口池塘里"踩水"，试探有没有更好的出路。在这里，我们能见识到那些只是一门心思提升自己的职业地位，却从来不想为自己分管的业务范围当好"管家"的经理人们。他们对公司的事业没有真正的热爱和忠诚，或者说他们最钟情就是他们自己。这些首席执行官们只是为了自己的经济利益而与人讨价还价，他们卖掉自己的公司，冷眼看着公司被肢解拆分失去活力；他们乐见自己的朋友和忠诚雇员在现在很时髦的"杠杆收购"中，像多余的累赘一样被扫地出门。

这种暴君类型的男人对批评非常敏感，而且虽然看起来气势汹汹，但哪怕是一句最轻微的差评，也会让他们顿感疲软、泄气。当然，他不会表现出来让你发现。如果你看不穿，就只能看到他暴跳如雷的样子。在暴怒的表象之下，是无价值感、软弱感和颓势，因为在暴君表象的后面，还隐藏着国王原型两极化阴影的另外一极，就是懦夫原型。如果他发现自己不能和圣王能量完全等同起来，就会反过来感觉自己简直一无是处。

Part 2
男性心智解读——成熟男性气质的四个原型

这种消极懦夫原型的暗黑存在，就能够解释他们为何如此渴望在镜中看到自我的形象——就是为了让他人"崇拜我！""爱慕我！""看我有多么重要！"——我们从许多上司和朋友那里都能看到这种"症候"！这也能够解释为什么他们会对那些感觉软弱可欺的人戟指怒目，甚至发动攻击，因为这些人正映射了活在他们自己内心里的那个"懦夫"。就像巴顿将军，不管他有多少优点，很明显他对自己内心中的软弱和怯懦有着潜在的恐惧。影片《巴顿将军》中，他在第二次世界大战时，视察战地医院的一个情节就说明了这一点。他在病床间走动，挨个向伤病员们表示慰问，并为他们挂上奖章（这是一个完满的圣父原型该干的事情）。然后他来到一张病床前，上面躺的是一名患有"炮弹休克"症的士兵。巴顿问他哪里不舒服，这个士兵回答说，自己神经受伤了。巴顿一听顿时勃然大怒，他上去搧了这个士兵一巴掌，嘴里"懦夫""胆小鬼""丢人的家伙"乱骂一气，下令马上把这个士兵从医院送上前线。按照圣父原型对众生春风化雨的慈悲态度，他应该知道这个士兵正面临着什么、他需要是什么。可是，巴顿不自知的是，他把自己内心潜藏的恐惧和虚弱投射到了别人身上，他实际上是窥到了自己英武外表之下作为懦夫的一面。

受到懦夫原型控制的人自身缺乏主心骨、缺乏安全感、难以获得内心平静，这让他们陷入某种偏执和妄想。我们在希律王、索尔、卡里古拉身上都可以看到这样的征兆，他们常常夜不能寐，在自己的宫廷里满腹心事地踱来踱去，身心深受折磨。他们忧恐上帝这个真正的王会不会认可自己，部下是否忠诚于自己。在索尔看来，甚至自己的孩子也难以信任。事实上，这些为两极化阴影国王原型所困的人，也的确有太多值得忧恐的东西。因为他们对他人的压制行为常常很残酷，所以恶恶相报也是正常的。我们常常取笑这种说法，"不要因为你是妄想狂，就觉得他们想加害你全是幻觉。"他们可能还真的是想加害于你。当一个人总是怀着自我保护和敌对心态时，总是抱着"先下手为强，后下手遭殃"的偏执观点，就会破坏他自己内心的平静和秩序，就会摧毁他自己和其他人的人格形象，并招祸上身。

一位牧师在他的教堂产生危机之后不久的某个时间，来接受心理治疗。一群除了唱反调啥也不会做的饭桶，一群精神和心理上的不法之徒，出于嫉妒的原因，组织起来准备构陷这位牧师。领头的家伙说他在白昼里听到了上帝和他说话，夜晚里梦到有人告诉他这位牧师将因为他处处作对而杀害他。狂妄、偏执的情绪

Part 2
男性心智解读——成熟男性气质的四个原型

是会传染的。因为煽动这出"宫廷政变"的家伙没日没夜地骚扰这位牧师,捣乱电话、公然威胁的信件、布道时突然开始"踢馆",甚至在教堂的会议上开腔给牧师罗列出许多莫须有的过错,使这位没有和自己的圣父能量建立起牢固关系的牧师,自身也慢慢滑入暴君/懦夫的双重原型阴影之下。在制定教堂的政策方面,他变得专横而霸道;在教堂管理方面,开始把越来越多的权力抓到自己手中;开始采取阴谋诡计和对手们周旋,只为把对手们排挤出局。同时,他开始夜夜噩梦缠身,显示出潜藏的恐惧和虚弱。相互之间的偏执狂妄开始对垒,一时间黑云压城,牧师和教堂的圣会都陷进了混乱不堪、阴谋重重的境地。这已经从根本上偏离了牧师想要谆谆教诲给圣徒的那些精神价值——阴影国王又一次取得了胜利。

当我们发现一个成人做出这样幼稚的举动时,很容易就会发现,成人的暴君原型和宝宝椅上的暴君原型之间存在着联系。从某种意义上说,在神圣男孩身上存在的自大浮夸是正常的。像圣婴耶稣这样的神圣男孩,希望受到包括皇帝在内的世人爱惜,也是合理的。父母需要做到,但又很难做到的一点就是,针对自己孩子身上所表现出的神圣男孩的这一面,给予恰如其分的爱惜和

肯定，让自己的孩子轻松地走下宝宝椅，慢慢走近成年人的现实世界。要知道，在这样的世界里，天神是难以和凡人一样生活的。父母必须慢慢地让孩子知道，他们不能把自己等同于神圣男孩那样的天之骄子。孩子可能会拒绝被拉下神坛，但是父母的态度必须坚定，一方面要对他给予肯定，另一方面必须在某个时刻杀杀他的威风。

如果父母对孩子太过溺爱，没有帮助孩子的自我形式走出这个原型，那他可能终其一生也走不下他的宝宝椅了。这种宝宝椅上的暴君能量让他在成年以后继续膨胀，像"凯撒大帝"一般横冲直撞。如果我们向这样的人表示质疑："上帝啊，你觉得你是凯撒吧！"他就会自鸣得意地回答："是又怎样？"这就是阴影国王原型在一个男人身上的嚣张表现。

阴影国王形成的另外一种情况是，父母从一开始就打击了孩子这种自大浮夸和荣耀在身的堂皇气象，向他泼了一盆凉水。当这种属于神圣男孩/宝宝椅上的暴君的堂皇气象因遭受无情打击而分崩离析之后，就会悄悄地落入孩子的无意识中潜藏起来。后果就是，孩子落入了孱弱王子原型的阴影之下。以后，当他成了一个"成年人"，就会主要在懦夫原型阴影的支配之下行事。在

Part 2
男性心智解读——成熟男性气质的四个原型

成年世界的巨大压力之下,他那被压抑包裹的自大浮夸情绪也有可能浮出水面突然爆裂,当然这完全是些初级幼稚、不成方圆的情绪,但冲击力不可谓不大。这些人平常看起来冷静、理性、看起来很"乖",但一旦受到触发,突然之间就变成了一个"完全不同"的人,一个小希特勒。对这样的人来说,"权力导致腐败,绝对的权力导致绝对的腐败"绝对是个真理。

获得国王能量

对于那些意欲成为现实世界未来"王者"的人们来说,要获得国王能量,第一步的任务就是要先把他们的自我和国王能量分隔开。不管是与圆融完全的国王能量本身,还是与它分裂成两个极端的阴影形式,都要有心理学家所说的认知距离。不同于自我膨胀和自大浮夸,在成人生活中所实现的真正的伟大,其内在要求就是要正确认识到自己与国王以及其他成熟男性能量形式之间的正确关系。这种正确关系类似于行星和它所环绕运行的恒星之间的关系。行星当然不是一个恒星系统的中心,恒星才是。行星

的职责是保持好与恒星的轨道距离，以便能够接收支持生命的能量，又避免潜在的被恒星的热度所烧毁的危险，让恒星把自己的生命升华到更加安乐康健的境界！行星的生命力来源于恒星，所以它需要一个超越自我利益之上的目标，来为恒星赢得"爱戴"。或者，用另外一个形象来说，一个成年男性的自我，不论他暂时达到了多高的地位，拥有了多强大的力量，都必须意识到自己只是一项超越自身之上的宏大意志或者事业的"公仆"。他需要认识到，自己作为国王能量的执行人，不是为了自身的利益，而是为"王国"之内的万物谋福利，而不论这是为了什么为了谁。

　　对于这几种原型的两极化阴影系统，我们可以采用两种方式来观察其"活跃"的一极和"消极"的一极之间的差异。正如我们已经看到的，一种方式是把这种原型结构看成三角形的或者说三位一体的；另一种是讨论自我认同和完整原型之间的等同和背离。如果等同，其结果就是自我膨胀，人的心智就会固化在一个幼稚的发展阶段，难以达到成熟。而如果把两者极度背离，自我就会感觉被剥夺了与原型之间的关联。事实上，这就把此人困在了国王能量机能失调阴影的消极一端。这样的自我会渴求国王能量。这种被剥夺的感觉以及缺乏"自有"的力量之源，缺乏追求

Part 2
男性心智解读——成熟男性气质的四个原型

力量的动机的感觉，是各种原型能量消极一端的主要特征表现。

根据这个观点，作为暴君的阴影国王，因为他在上升的过程中就伴随着与国王能量等同化的自我感觉，因此就不会为自己设立超越个人的目标承诺，而始终会把自己摆在第一位。因为这样的男性自我不能保持自己的正确轨道，所以就会陷到太阳这个原型中去，或者因为移动地距离太近而致吸进了大量的烟气，变得膨胀起来，这就和我们在双星系统中观察到的一样。因为这个"行星"偏要冒充"恒星"，因此整个心智系统都失去了中心，陷入了不稳定的状态。这就是所谓的"篡夺综合征"。这个膨胀的自我篡夺了国王的权力和地位。

我们认为，在获得国王能量过程中出现的第二个问题就是：我们感觉自己完全失掉了与能够赋予生命活力的国王能量之间的有效联系。此时，我们可能就会陷入所谓的依赖性人格障碍，把我们内心的国王能量（我们没有感受到它存在于我们内心）投射到外部的某个人身上。如果没有这个承载了我们国王能量投射的人存在于我们左右，如果没有他饱含爱意的关注，我们就会感到自己完全无能为力，完全难以有效行动，难以感受到自身的平静和稳定。在家庭，当丈夫对妻子的心绪太过殷勤体贴，不敢采取

一些自主性的行动，以免招致她们的雷霆暴怒时，这些可怜的丈夫就会陷入这种困境。这也会发生在孩子身上，当父母不允许他们充分发展自主意愿、自主体验和自我目标时，这些孩子就会成为父母羽翼下长不大的雏鸟。

在工作场所，当我们完全随着老板的权杖和他们的心血来潮起舞时，当我们在同事身边连喷嚏都不敢打时，我们也就陷入这种困境；放到更大的国家范围内，当人民都把自己当成无知的乡野村夫，而把一些暴君当做自己的国王能量时，一个国家也就会沦落到这样的困境。这种"禅让综合征"正是懦夫的标志，实质上和"篡夺综合征"一样有害。

对于禅让综合征在大范围内发作所造成的灾难性后果，我们这里可以举个例子。此事发生在如今的墨西哥城附近的奥登巴平原，正值科尔特斯（Cortés）攻打墨西哥期间。在墨西哥人开始发动大举进攻后的第六天，科尔特斯和他的部下在深夜逃出了特诺奇特兰城（现在的墨西哥城）。第七天破晓时分，科尔特斯这些疲乏、恐惧的残兵败将俯瞰奥登巴平原时，才发现一大群墨西哥勇士正横在他们面前。西班牙人的厄运看起来已经无可避免。然而在接下来战斗中，科尔特斯发现了墨西哥军指挥官的旗帜。

Part 2
男性心智解读——成熟男性气质的四个原型

科尔特斯知道这是绝望中的一线生机，己方的身家性命全都在此一举，他一马当先杀出一条血路，冲到了这个指挥官面前，一剑砍死了他。很快，让西班牙人惊喜的局面发生了，这些墨西哥人惊慌失措，逃离了平原。西班牙人趁势追击，大砍大杀。导致战局发生神奇逆转的原因是墨西哥人看到他们的首领丧命了。在这个人身上他们聚集、寄托了自己全部的国王能量。他一死，他们认为这股能量就离自己远去了；力量被剥夺一空的潜在感觉随着首领的死亡，一下就浮现出来，他们随之屈服于一种虚弱、混乱的状态。如果这些墨西哥勇士能够意识到圣父能量其实就在他们自己的内心深处，那他们就不可能被这样屈辱地打垮。

当我们和自己内心深处的圣父能量失去接触，而把这种决定人生的权力完全让渡给别人时，这可能是在招引远远超出个人范围的大祸端。那些我们奉为国王的人会把我们引向一场失败的战斗、对家庭成员的虐待、大规模的屠杀、德国纳粹的恐怖，或者人民圣殿教的惨案；或者，他们仅仅就是抛下我们不管，让我们独自受累于自己潜在的弱点。

但是当我们能正确地获得国王能量，只做忠于我们自己内心国王能量的仆人，我们就会在自己的生活中展示出一个英明、正

确、完满的国王所应具备的品格。我们那位雇佣兵，就会在内心的中国皇帝面前，得当地跪下他的双膝。我们感到自己内心的焦虑缓解了，感到心凝神聚、平静如水，可以听到自己正在按照自己内心的权威声音说话。从此，我们将有能力映照和祝福自己与他人；有能力真诚而深情地关心他人。我们会"承认"他人，会把他们当成一个完整的人来看待。我们会感觉到自己是一个神完气足的人，有能力参与创建一个更加公正、安宁、充满创造力的世界。我们超越自我的献身精神，不只会奉献于我们的家庭、友人、公司、事业和我们所信奉的宗教，而且会在我们整个生活世界里弘扬。我们将拥有某种形式的灵性，我们将看清楚整个人类生活似乎都立基于此的人类根本诫命的真相："你要尽心、尽性、尽意爱主，你的神（也就是'国王'）！爱邻如爱己"。

Part 2
男性心智解读——成熟男性气质的四个原型

chapter 06 武士

在我们生活的这个时代，人们通常对男性能量中的武士形式感觉不太舒服，当然这也算其来有自。女性尤其对此感到不舒服，因为她们常常是武士原型阴影形态最直接的受害者。环顾全球，在我们这个时代，战争和冲突对世人的影响可谓创深痛巨，因此人们对这种好斗能量本身总是用一种深深疑惧的眼光来看待。在西方世界，我们可以把当今这个时代称之为"暖男"时代，这个时代激进的女权主义者会对这种武士原型能量充满敌意地大声强烈谴责。

但有趣的是，正是那些热情高涨，想把男性的侵略性气质连

根拔掉的人们，自身却被笼罩在这种原型能量的强烈影响之下。我们不能仅仅通过表决就让武士原型能量出局。像所有原型一样，它的存在不以我们的意志为转移。就像所有受到压抑的原型一样，它会潜入地下，最终仍会以情绪和躯体暴力的形式重新露头。就像在压力之下休眠了几个世纪之久的火山一样，它正在岩浆库中积蓄着喷发的力量。如果说武士是一种本能的能量形式，那它就不可能真正消失，直面这个问题就具有很大意义。

珍·古德（Jane Goodall）在非洲草原和黑猩猩（和我们有98%的基因是相同的）一起生活了许多年，她一开始向世人揭秘的是，这种动物从根本上是有爱心的、和平的、亲善的。这份报告在60年代引起了很大轰动。彼时，数以百万计的西方人正试图搞清楚为什么战争会成为一种具有如此明显吸引力的人类消遣，为什么不能以其他方式来解决大规模的人类争端。在她的初次报告发布几年以后，古德女士发布了新的证据，表明在她原来的看法之下，还有许多暗流涌动。她发现，战争、杀婴、虐待儿童、绑架、盗窃以及暗杀等行为都存在于她原以为"和平"的黑猩猩社会之中。罗伯特·阿德雷（Robert Ardrey）在其两本颇具争议

Part 2
男性心智解读——成熟男性气质的四个原型

的书《非洲起源》（*African Genesis*）和《地盘必要感》（*The Territorial Imperative*）中，直言不讳地宣称，人类是受本能支配的动物，这种本能和支配其他动物感觉和行为的本能并无二致，其中包含的战斗冲动可丝毫不少。另外，灵长类动物行为学研究的最新成果表明，所有的人类行为，至少也是这些行为的大致轮廓，都能在我们灵长类动物近亲身上看到。

企业的行政人员和保险公司的推销员们经常在周末时，到郊外的树林中玩军事类游戏。他们隐藏在密林中，用漆弹枪组织、发动攻击行动，操练如何生存下去，如何在生死危机关头与敌方周旋，如何用正确的战略与对方"厮杀"。这种游戏的意义何在？城市的帮派组织经常按准军事化的方式组织起来，其背后隐藏的能量是什么？兰博（《第一滴血》男主角）、阿诺·施瓦辛格（Arnold Schwarcenegger）的风行，以及《现代启示录》《野战排》《全金属外壳》等许多战争电影的风行意味着什么？我们可以谴责这些电影中以及电视屏幕上屡见不鲜的血腥暴力，但是很显然，这也说明武士原型的能量在我们内心深处，是难以否定的鲜活存在。

我们只要回顾一下人类的历史就足够了，我们的历史在很大程度上就是由战争定义的。我们在几乎所有的人类文明中，都能看到伟大的武士传统。在我们这个世纪，全球经历了两次世界大战的强烈震撼。虽然最近东西方局势有所缓和，但第三次或者说最后一次世界大战的利剑仍然高悬在我们头顶。有些事情正在演变、发展中。一些心理学家发现人类的攻击性是从婴幼儿的愤怒发展而来的，是儿童对爱丽丝·米勒（Alice Miller）所称的黑色教育——针对男童和女童的大规模虐待——所做出的反应。

我们相信这一观点有很多真理性的成分，尤其是当想到我们将以"阴影武士"命名的那种人正大行于世，这种说法就更合理了。但是我们认为，恰恰相反，我们不能以任何武断、简单的方法把武士原型和人类的发怒现象等同起来。我们也相信，这种基本的男性能量形式（有关女性武士的神话和传统也存在）会坚韧地存在下去，因为它是构成男性阳刚心理的基石之一，几乎必然地植根于我们的基因之中。

当我们很密切地观察武士传统时，就能看到它对人类历史产生了什么样的影响。例如，古代埃及人在几个世纪以来都是一个

Part 2
男性心智解读——成熟男性气质的四个原型

和平的、基本上可称为驯良的民族。居住在与世隔绝的尼罗河谷，他们感到很安全，足以躲避潜在敌人的侵袭，因为周围的沙漠和北部的地中海能把敌人远远挡在外面。因此，埃及人建立起了相当稳定的社会，并且相信任何事物都在玛塔规定的宇宙秩序之下，都能和谐共处。后来，大约在公元前 1800 年，希克索斯王朝（Hyksos）凶猛的闪族部落武装穿过尼罗河三角洲，对他们发起了攻击。这些希克索斯武士有战马和战车，这是当时极为有效的毁灭性战争机器。埃及人根本不适应这样的战法，彻底成为鱼腩部队。希克索斯人最终占领了整个埃及，并对其实行铁腕统治。

到了公元前 16 世纪，逐渐坚强起来的埃及人最终开始反抗。新的法老从南方崛起，他把民族原有的国王能量和新生的武士能量结合起来，凶猛惊人地向北方猛扑过去。他们不只打垮了希克索斯人，收复了故土，而且向北直入巴勒斯坦和亚洲地区，建立起了一个大帝国。在这个过程中，他们在广阔范围内传播了包括艺术、宗教和理念在内的埃及文明。通过武力征服，伟大的法老图特摩斯三世（Thutmose III）和拉美西斯二世（Ramses II）不仅重新掌握了埃及，而且把埃及文明的精华传播到了更广大的世界

上。正是因为他们在自己的内心深处发现了武士能量，埃及人的道德和伦理，以及死后要接受审判和死亡之后有天堂存在，在那里正直的灵魂将与主同在的基本宗教理念，都变成了西方人自己伦理和灵性体系的一部分。美索不达米亚文明也有同样的故事，他们也是在武士精神的激发之下，为未来的文明带去了人类知识和深刻洞察。

在印度，武士阶层刹帝利（Kshatriya）征服平定了印度次大陆，为印度成为人类精神世界的中心创造了条件。他们在波斯北部的表亲，那些琐罗亚斯德（Zoroaster）的武士国王们在近东地区进一步传播了琐罗亚斯德宗教。这一宗教对犹太教和基督教的诞生有着深刻的影响，甚至对形塑和表达我们后宗教现代世界的很多价值观念以及基本的世界观也同样有着深刻影响。通过西方文明的传播，琐罗亚斯德的教义通过各种变化的形式，在全球广为传播，甚至影响到海天相隔的南太平洋区域的乡村生活以及当地人的道德观念。

《圣经》上所说的希伯来人，原来就是一群武士以及一些武士之神的追随者，也就是《希伯来圣经》（旧约）中的神，耶和

Part 2
男性心智解读——成熟男性气质的四个原型

华。在武士之王大卫的统率之下，这一宗教的福祉，包括它建立在武士美德之上的先进伦理制度，得到了强化。通过广泛继承了希伯来精神遗产的基督教义，这些希伯来的理念和价值观最终被欧洲武士阶层带到了世界的四面八方。罗马的武士皇帝们，比如人所共知的哲学家和道德家马克·奥勒留（Marcus Aurelius，公元161—180年）把地中海文明保持了足够长的历史时期，使日耳曼部落在成功攻陷帝国之前演化成一个半文明开化的部落，从而重写了整个西方的历史。这一文明从公元15世纪开始，实际上已经成为世界历史的主体。

让我们不要忘记斯巴达人这一支，他们是出类拔萃的希腊勇士，公元前480年，他们在塞莫皮莱（Thermopylae）打退了波斯人对欧洲的侵略，保护了欧洲民主理念的萌芽。

在北美，美洲原住民与他们的武士能量生死相连，即使在最微小的行动中亦闪耀着武士精神，他们一生高贵、勇敢，有能力忍受最难捱的艰难困苦，勇于在压倒性的仇敌（入侵的白人）面前保护自己的人民，他们高喊着这样的口号投入战斗："视死如归，就在今天！"

也许我们也需要以公正的眼光来看待20世纪的伟大武士们，在他们当中，有巴顿将军，有伟大的战略家和英勇无畏的战士，有把正义的事业看得高于自己生命的义士。

武士能量，不论还有什么其他品格，确实广泛地存在于我们的男性气质中，存在我们所创造、保卫和推广的文化中。在我们建设世界的过程中，它是我们至关重要的精神元素，在把最好的人类美德和文化成就推介给全人类的事业中，扮演着重要的角色。

武士能量经常背离正道也是一个不争的事实。当这种情况发生时，后果是灾难性的。但我们仍然还是需要问问自己，为什么这种能量会在我们的内心中存在。在人类生活进化发展的过程中，它的功用是什么？在每个人的个人心理中，它的存在目的是什么？武士能量的积极品质是什么？在我们男人的工作和生活中，这种能量如何才能帮助我们取得成功？

Part 2
男性心智解读——成熟男性气质的四个原型

完整的武士原型能量

完整的武士原型能量的各项品格可以综合成一套完整的生活方式，日本武士称其为武士道（do，发音为"dòu"）。这些品格就构成了武士们的达摩、玛塔或者道，意思是一种精神的或者心理的生活之路。

我们已经说起过，进取性是武士的特性之一。面对生活所采取的进取性立场，就是一种振奋、激发和刺激。它推动我们在面对生活中的任务和问题时，采取进攻性的策略，放弃防御或者"相持"的姿态。按照武士道的说法就是，用出你能调动的体内的全部元气（ki），或者"生命能量"，"跃入"战斗中。武士道精神认为，面对生活中的搏斗，只能采取一种态度：迎头而上；只有一个方向，就是：一往无前！

影片《巴顿将军》的开场很有名，全副武装的巴顿，腰上挂着一支手柄上镶着珍珠的左轮手枪，正在给他的队伍进行战前动

员。巴顿警告他的战士们，他对在战斗中采取防守策略不感兴趣。他说："我不想听任何关于我们正在防守的消息……我们需要不断前进……我对抓住任何东西都不感兴趣，除非是抓住敌人！我们要牵住他们的鼻子，去踹他们的屁股！要打得敌人魂飞魄散，要从他们身体中穿过去，就像鹅粪穿过鹅肠子！"在正确的环境下，即在战略上对我们当前的目标有利的环境下，正确地采取攻击态势，我们就占了一半先机。

那么获得武士能量的人，如何才能判断在当下的情形之下，何种程度的攻击性才是合适的呢？他要通过清晰的思考，通过自己的洞察力来进行判断。武士总是警醒的，他永远不会在昏睡中度日。他知道如何让自己的头脑和身体聚焦于中心目标，武士们称之为"警觉"。按照美国土著人的传统，他是一个"猎人"。正如唐璜这个印第安雅基族武士—男巫在卡洛斯·卡斯塔尼达（Carlos Castaneda）的《前往伊斯特兰的征途》中所说的，一个武士不但知道自己想做什么，而且知道如何达成。由于头脑清晰，因此他既是一个战略家，也是一个战术家。他能准确地评估自己身处的环境，然后就像我们常说的那样立足实际，顺势而为。

Part 2
男性心智解读——成熟男性气质的四个原型

这方面的一个例子就是游击战,虽然算是一个古老的传统,但是从18世纪以来其应用越来越广泛。美国独立战争中,起义的殖民地人民就采取了这个战术。中国的共产党人,以及其后越战中在杰出的战略家胡志明领导之下的越共游击队,运用游击战术取得了令人惊叹的成功,成功击退了敌人繁琐的军事行动。最近,阿富汗的抵抗战士又采取同样的战术把苏联军队赶出了国土。武士知道自己何时有能力采取常规方法击败敌人,何时必须采取超限战才能取得胜利。他能准确地评估自己的力量和智谋,如果发现正面攻击难以奏效,他就会避敌锋芒,从侧翼发现敌人的弱点,然后以迅雷不及掩耳之势打击敌人。这就是武士和英雄之间的不同之处。与英雄原型接近的男人(男孩),就像我们说到过的那样,他们不知道自己的局限性;对自己刀枪不入的能力有着浪漫的自信。武士与他们的大相径庭之处就是,不论在何种处境之下,都能对自己的能力和局限性进行清醒和现实的思考。

阿基里斯索斯与帕特洛克罗斯（Achilles and Patroclus）［杯子内部圆形绘画图案，由希腊索斯阿斯（Sosias）画家绘于大约公元500年前。感谢柏林普鲁士文化遗产州立博物馆的支持。摄影：Ute Jung。］

Part 2
男性心智解读——成熟男性气质的四个原型

  在《圣经》中，大卫王面对来自索尔军队的优势兵力，首先避免与之直接交锋，让他们在追赶己方的过程中消耗精力。大卫王率领的队伍虽然是一群乌合之众，但是熟悉地形、行动迅速。在清醒地分析局势之后，大卫王率众逃离索尔的王国，投奔菲利斯（Philistine）王。在这里，他身后多了几千菲利斯士兵。他为自己争取到了一步就能将死索尔的有利位置。随后，再次通过对当时局面的精准算计，大卫王又杀回索尔的王国，重新召集自己的兵力，等待索尔垮台时机的到来。有的时候，"向前，一直向前"这句格言反而意味着要进行战术调整，意味着要根据刀锋一般锐利的算计，来采取灵活有效的策略。

  现代剑术就是旨在通过训练改变击剑者不善应变的一面。击剑手不只是在训练他的肢体，也是在训练自己的头脑。他要学会以光一般的速度判断，找出对手姿势中和进攻动作中露出的破绽，然后要以弓箭步前冲，挡开对手，发动攻击并得分。一名年轻的大学生报告说，在他开始进行击剑训练之后，自己的学习成绩也提高了。在内容非常复杂的课上，他也能以闪电一般的速度抓住课程主题，识别出论证过程中的薄弱环节，并以锐利的观点和从未有过的自信提问，让教授和同学们或是承认他言之成理，或是

放弃自己的观点。他知道自己想学什么，更知道如何学习。

武士道精神完全能够证明，除了训练，让一个武士获得清晰思路的另一个途径就是让他时刻认识到死亡的迫近。武士知道生命的短暂和脆弱，一个受武士精神引领的人知道自己去日苦多。但这个事实不会令他们意志消沉，反而会激发出他们的生命力量，使之对自己的生命产生强烈的体验，而他人对这一切可以说一无所知。每一个动作都落到实处，每一次行为都当成根本没有反悔机会的最后一次。武士道的剑客们得到的教诲是要像自己已经死去一样，来过好自己生命里的每一天。卡斯塔尼达（Castaneda）的唐璜教谕世人说，如果我们把死亡当做我们生活中"永恒的陪伴"，那么除了从事那些有意义的事情之外，我们就"没有时间"做其他任何事情了。

我们没有时间去犹豫退缩，死亡终将来临的感觉会让获得武士能量的人振作精神，果断行动。这意味着他积极拥抱生命，从来不愿退缩。他不愿意想得太多，因为想得太多就会让人疑神疑鬼，就会在行动上"前怕狼后怕虎"，就会让人无所作为，最终就会导致在战斗中遭遇失败。武士能量的人避免以我们通常所采取的方式来定义自觉意识，行动已经变成了他们的第二天性，已

Part 2
男性心智解读——成熟男性气质的四个原型

经成了他们无意识下的反射性动作。但这些动作是他们经过长时间的自我训练学成的，海军陆战队员就是这样炼成的。一个优秀的陆战队员能在转瞬之间，拿定主意，并坚决地付诸行动。

要做到在任何生命状态下都行动坚定，除了需要有霸气的进取精神、有清晰的思考、有死亡意识之外，还需要进行训练。不论内在还是外在，不论在体力上还是心理上，武士能量都与技巧、力量、准确性和控制力相关。武士能量关系着我们能不能在思想、感觉、行动以及言谈等各方面，把人培养成"他有可能成为的样子"。与英雄们的行动不同，武士的行动从来不会过火，从来不会为戏剧化而戏剧化；武士从来不会通过一些表面的行动来给自己打气，让自己对希望拥有的能力信以为真。武士从来不会无谓地浪费自己的气力，也不会夸夸其谈。在影片《豪勇七蛟龙》(*The Magnificent Seven*)中，尤·伯连纳(Yul Brenner)饰演的那个角色就可以视为一个自我控制的案例。他少言寡语，对自己的专业技艺掌握纯熟，动作凌厉如猛虎一般，只对敌人发起攻击。武士对掌握技艺非常感兴趣这一方面，让他们能够实现自己的目标。他已经学会了使用"武器"的技能，可以用来实施自己的决策。

首先，他能够控制自己的想法和态度，当其正确时，身体

就会追随。就像销售培训中常说的那样，接近武士原型的人，有一个"积极的心理态度"。这就意味着他拥有一种不认输的精神，拥有非凡的勇气和无所畏惧的精神，能够自律，能够为自己的行为负责。自律就意味着他能够严格地对自己的身心进行管理和掌控，能够忍耐心理和身体上所遭受的痛苦。为了达到自己的目标，他不畏苦难。正如我们常说的："吃得苦中苦，方为人上人！"不论你是一个真正的猎手，在寒冷的清晨，正在卡拉哈利沙漠，一蹲就是几个小时，耐心等待猎物出现在你的射程之内；还是一个丈夫，正准备解决和妻子之间存在的问题；你都会明白，控制自己的理智，可能还有你的身体，都是非常必要的。

　　武士能量也表现出我们所说的超出个人利益的献身精神。他的忠诚会献给某些事情——某项事业、某位神祇、某个人、某件任务以及某个国家等，虽然他这种超越个人利益之上的献身精神还是要通过对某个重要人物的效忠而体显出来，比如一位国王。在亚瑟王的故事中，兰斯洛特（Lancelot）虽然疯狂地忠于于亚瑟（Arthur）和吉娜薇（Guinevere），但他也完全忠于骑士精神的理念，忠于站立于这些事物之后的正义与天道，

Part 2
男性心智解读——成熟男性气质的四个原型

并将其作为自己的崇高追求。对他来说,"拥有力量就是拥有义务,"要用自己的力量去解救那些受压迫的人们。当然,因为他深爱着吉娜薇,兰斯洛特在不知不觉中摧毁了自己那超越个人的献身精神所应付与的对象卡米洛特圣城(Camelot)。但他这么做是因为,他陷入了个人的和超越个人的浪漫之爱的自相矛盾之中。这时候,他和武士能量脱离了,他已经不再是一名合格的骑士。

超越个人的献身精神揭示了武士能量的一些其他特质。首先,它使所有的个人关系都相对化,就是说,只有那些超越个人的承诺才是居于中心位置的,其他关系都处于相对从属的位置。这样一来,这些足够接近武士原型的人,其思想就不会混乱,就会紧紧围绕着居于中心的献身精神来思考问题。内心有了这样的献身精神,其他一些卑微琐屑的想法就会被消除,这个人就会生活在崇高理想和灵性实体的光辉之下,如教徒眼中的上帝、民主、共产主义、自由或者其他值得超越个人利益的献身对象。于是,这个人生活的焦点就会发生改变,那些琐碎的争执和只与个人自我相关的事情就不再那么重要了。

国王 武士 祭司 诗人
King Warrior Magician Lover

有一个故事是关于一位著名将军家里的武士的。他的主人被一个敌对家族刺杀了，这位武士发誓要为主人复仇。经过对凶手一段时间的追踪，在付出了极大的个人牺牲，经历了许多危险和艰难之后，他找到了凶手。他抽出利剑就要杀了这个家伙。但这时，这个凶手向他脸上吐了一口吐沫。这名武士，退后一步，收剑入鞘，转身而去。这是怎么回事呢？

他之所以离开，是因为他对被对方吐了一口而感到愤怒。此时，杀了这个家伙就可能是出于自己的愤怒，而未必是出于为主人报仇的承诺。那他杀了这个人就可能是出于他的自我意识和自我感受，而不是出于内心的武士精神。因此，为了忠于自己作为武士的信仰，他不得不转身离去，放过这个仇敌。

武士的忠诚以及他的责任感所付与的对象，不是他自身以及自我所关注的那些事情，而是对此形成了超越。我们已经讨论过，英雄原型的忠诚是对他自己的忠诚，是用自己来打动自己、打动他人。在这一点上，接近武士原型的人则太苦行了。他的生活与绝大多数普通人正相反。他在生活中，有意不让自己的个人需求、希望和身体嗜好得到满足，以此来磨练自己，把自己变成一架高效率的精神机器，使自己在实现超越个人利益的目标的过程中，

Part 2
男性心智解读——成熟男性气质的四个原型

能够忍受常人难以忍受的那些磨难。我们都知道基督教和佛教信仰的创始人的传奇经历，耶稣要抵制撒旦在荒野之中给他描画出的诱惑，佛陀要忍耐菩提树下遭遇的三个诱惑。他们都是精神上的武士。

我们也能观察到，在基督教的耶稣会里也表现出了同样的武士能量。为了把上帝的圣言带到世界上最危险、最深怀敌意的区域，他们几个世纪以来都在教授自我坎陷思想（self-negation）。一个拥有武士能量的人能够把自身献给他的事业、他的上帝、他的文明，即使付出生命也在所不惜。

为超越个人的理想或者目标而献身，甚至牺牲性命也在所不惜的精神，能够把一个人引导至另一个武士特质。只要他还是一个武士，那他就是一个疏远感情的人。这并不意味着当一个人完全接近于武士能量时，就会变得残酷无情；而是说他不会出于与某件事情或者某个人感情上的牵连而做出某个决定并进行实施，除非这是自己的理想。就像唐璜所说，他是"不能利用的"或者"难以接近的"。他解释说："难以接近就意味着，你在与周遭的世界接触时是有节制的，"在感情上保持着一种超然的态度，是富贵不能淫、威武不能屈的。武士们之所以能清晰地思考也得益

于此，因为他能以一种冷静的、不带感情色彩的态度来看待他的任务、决策和他的行动。在武士道的培养过程中就包含着下述类型的心理训练。不论何时，如果你在训练中感到了恐惧和绝望，不要对自己说，"我害怕了。"或者"我绝望了。"要说，"这里有个人感到害怕了。"或者"这里有个人感到绝望了，他该怎么办呢？"。在受到威胁的状况下，保持这种感情的上的抽离状态，能够使现状客观化，能让你能以一种更清晰的、更有战略高度的眼光来观察它。这样武士们在行动时，就不用再考虑自己的感受；排除个人情感的影响后，他们的行动会更加有力、敏捷和高效。

在生活中面临这种局面时，我们常常需要"退后一步"，这样我们就能获得一个全新的视角，就能更加合理地采取行动。武士需要一定的空间，来挥舞自己的利剑。在外部世界，他需要与自己的对手拉开一点距离；在内心，他需要与自己的负面感情这个内部对手也拉开距离。当拳击台上的两位拳击手扭打在一起难解难分时，裁判需要把他们分开。

Part 2
男性心智解读——成熟男性气质的四个原型

武士经常是一个毁灭者，但是积极的武士能量所毁灭的只是那些应该被毁灭的东西，只有摧毁了这些旧事物，才能让那些更有生机的、更合乎道德的新鲜事物得以出现。我们这个世界中有很多旧事物都应该被摧毁，腐败、暴政、压迫、不公、陈腐暴虐的政府体系、影响公司业绩的内部官僚体系、不称心的生活方式和工作处境以及糟糕的婚姻等都在此列。在摧毁旧事物的过程中，武士能量常常也能建立起新的文明、新的商业模式、新的艺术形式、人类新的精神冒险活动和新的感情关系。

当武士能量能与其他成熟的男性能量结合起来时，一些非常美好的结果就会出现。当武士能量和国王能量结合起来时，获得了这些能量的人就能用心地守护自己的"王国"，他果断的行动力、清晰的思考力、自律能力和勇气实在是既有创造性又有产出力。

当武士与祭司原型结合时，这样的男人就能对自己和自己的"武器"达到高度的精通和掌控。这样他就能把自己的力量引导到能够帮助他实现目标的方向上去。

武士能量与诗人能量的结合能让武士更有同情心、更能体会到万物相联的感觉。诗人这种男性能量能够让男人体会到自己与

人类这个群体的联系，理解人类的弱点和不足。诗人能量让男人在履行自身义务时，心怀慈悲之心。我们可以从电视上播出的关于美国军人在越南的节目中，看到很多这类男人的生动形象，在对越共控制的村庄进行完炮轰枪扫之后，他们会把孩子抱出来，并给受伤的敌方士兵进行急救处理。在电影《全金属外壳》中有一幕非常震撼人心：几名美国军人把一名严重受伤的越共女狙击手围了起来，她已经击毙了好几名美军士兵。其中一个角色对这个几分钟之前还是仇敌的女人产生了慈悲心，她正疼地在地上打滚，口里念着祷词，准备迎接死亡的命运，她祈求这位美军士兵朝自己开一枪以免除痛苦。是让她在痛苦中死去，还是帮助她痛快地了结？这名士兵感到十分难于抉择。最后，他还是朝她开了一枪，不是出于愤怒，而是出于同情。

与诗人能量结合还能使武士能量产生另外的人文影响力。马克·奥利列乌斯（Marcus Aurelius）是一位哲学家；温斯顿·丘吉尔（Winston Churchill）是一名画家；日本的武士艺术家三岛（Mishima）是一位诗人。甚至巴顿将军都是位诗人。他曾在一处北非的古战场——2000多年前罗马人击败了迦太基人的进攻的古战场上，向布兰德利（Bradley）将军背诵了一段他写的颂词。

Part 2
男性心智解读——成熟男性气质的四个原型

巴顿在他神秘的诗歌中宣称,当时他曾来到这里,并参加了这场古老的战斗。

然而,当武士能量单独起作用,不与其他原型相联系时,即使世间的男人们得到的是积极的武士原型能量(完整状态的武士原型),结果也可能是灾难性的。就像我们已经谈到的那样,纯粹的武士原型是不带感情色彩的,他那超越个人之上的忠诚强烈影响着他对个人人际关系重要性程度的看法。这在武士对待性的态度上表现得很明显。女人在武士看来并非是建立关系的对象,而只是性行为的对象。她们就是用来取乐的。我们都听到过这么一首行军歌:"这是我的炮,这是我的枪,这个是供我取乐的姑娘。"他们的这种态度解释了为什么在军营四周会有那么多妓女,也能解释为什么会有强奸被俘获的妇女这么恐怖的传统存在。

即使当他有了家庭,这些凡间武士对其他义务的忠诚也往往会影响他们的婚姻关系。我们在电影里经常看到,有关军人妻子的孤单寂寞以及被对方抛弃的悲哀故事,比如在电影《太空英雄》(*The Right Stuff*)中戈多·库珀(Gordo Cooper)与妻子特鲁迪

（Trudy）失和的故事，即是其中一例。

这样的故事在军营之外也照样发生。当男方的职业要求他做出大量超越个人的奉献，需要长时间遵照严格纪律工作，并做出个人牺牲时，家庭或者两性关系就会产生问题。公使们、医生们、律师们、政治家们、具有奉献精神的销售人员以及从事其他一些类似职业的男人们，经常会在私人生活中品尝到感情破裂的苦果。他们的妻子和女友们，经常会感到自己被疏远、抛弃了，工作才是这些男人的"真爱"，而与其争宠总是让她们倍感绝望。另外，这些人的确是秉承了武士原型的性爱态度，经常和他们的护士、职员、前台接待、秘书，以及其他从安全距离（有时候并不安全）之外，对他们闪耀着武士阳刚风采的精湛专业技能和献身精神表示爱慕的女性们发生关系。

阴影武士：虐待狂和受虐狂

我们已经提示过，武士能量对人际关系的抽离，确实会导致

Part 2
男性心智解读——成熟男性气质的四个原型

问题。当一个男人被困于武士原型的两极化阴影中，这些问题会变得非常具有消极影响和破坏性。在电影《霹雳上校》(*The Great Santini*)中，罗伯特·杜瓦尔(Robert Duval)扮演了一个海军陆战队的战斗机飞行员，他把自己的家当做一个微型军营来管理。他对妻子和孩子们的评论以及做出的行为大部分都是贬低的、挑剔的和命令性的，而且有意要在自己和家庭成员之间拉开一段距离，虽然家人们总是尝试和他建立起爱的联系。他这种"联系"方法的有害性最终成了大家有目共睹的事情，尤其是对他的大儿子来说，由于桑迪尼(Santini)根本不会温柔、由衷地与人亲热，因此他有时会出现暴力行为的问题再也遮掩不住了。桑迪尼这个"大人物"在虐待狂原型的魔力之下，时不时地就把自己情感的利剑拔出来，在任何人面前乱舞：他的女儿，本来应该像一个女孩子，被温柔以待，而不是被当成女陆战队员；他最大的儿子，本来应该受到他的指导和培养；甚至他的妻子，本应被他怜爱有加。当所有事情开始总爆发时，在他家的厨房里发生了可怕的一幕。桑迪尼打了他的妻子，然后他的孩子对他奋起还击。虽然我们说过，感情抽离本身未必是件坏事，但它却是为残忍这个"魔鬼"打开了方便之门。因为他在与人建立关系这方面

太不擅长了，因此在武士能量影响之下的男人急需把自己的理智和感觉管控好，而不是压制住。否则，在他不注意的时候，残忍这头怪兽就会从后门溜进来。

　　有两种类型的残忍：一种带着感情色彩，另一种则没有。说到没有感情色彩的残忍，纳粹训练党卫军军官团的方法可以作为一个例子。在那里，每一个培训对象都必须先养一只小狗，要对小狗百般爱怜；在小狗生病时，要悉心照顾，要给它们喂食，要为它们梳理毛发，要和它们一起玩耍。然后，教官随便指定一天，这些人必须按照教官的命令，杀掉他们的狗，而且必须做到不动声色。那些铁石心肠的虐待狂式人物在这样的训练中表现最好，因为就是这些人才能当好死亡集中营里的杀人机器。他们能够有条不紊地，不动感情地折磨和杀戮数以百万计的人，反而还认为自己是忠于职守的"好人"。

Part 2
男性心智解读——成熟男性气质的四个原型

彼得·保罗·鲁本斯（Prter Paul Rubens）[珀尔塞福涅（Persephone, 宙斯之女，被冥王劫持娶作冥后）。版权属于马德里普拉多博物馆。摄影：西班牙人名 ARXIU MAS。]

一个变成无情的杀戮机器的当代武士的典型形象当然是黑武士达斯·维德（Darth Vader），这是美国电影《星球大战》（*Star Wars saga*）中的一个角色。人们需要警醒的是，有那么多的男孩和未成年人认同他。同样，人们需要深思的是，有多少这样的年轻人最后变成了新纳粹主义者和活命主义者中的一员。

　　然而，有的时候，这种虐待狂的残忍是带有感情色彩的。在神话传说中，我们经常听说复仇之神和"神的忿怒"之类故事。在印度，我们能看到湿婆神西瓦（Shiva）跳着一种"世界毁灭"的舞蹈。在《圣经》中，耶和华下令让整个文明在燃烧中毁灭。在《旧约全书》前边的部分，我们就能看见这个愤怒的、有仇必报的上帝通过大洪水，把这个星球变成了一滩泥水，杀掉了几乎所有的生灵。

　　当我们非常害怕、非常愤怒时，武士能量就会在我们身上转化为复仇精神。在实际战斗场合，或者其他让人身心紧张的生活情境之下，一种所谓的杀戮欲就会攫住这个武士能量的男人。在影片《现代启示录》（*Apocalypse Now*）中有一个场景：美国炮艇上的船员们和为他们供餐的舢板客发生了误会，结果是舢板上的每一个人都在惊恐中被他们杀掉了。只是在恐惧稍微平息下来

Part 2
男性心智解读——成熟男性气质的四个原型

以后，他们才意识到在刚才的战斗狂热中杀死的这些人，是要到市场上去做买卖的无辜平民。在影片《野战排》（*Platoon*）中也有类似的场景，美国大兵们朝着一个无助的越南村寨拼命开火。还有越战中的美莱村屠杀事件，在这次事件中，明显是被恐惧和愤怒冲昏了头的中尉军官卡勒里（Calley），下令手下对村庄中的所有男人、女人和孩子进行了屠杀。从这次屠杀开始，这种类型的野蛮发作成为很多美国人的梦魇。这种虐待狂式的武士能量对杀戮和残忍行为的偏爱，可以再一次在巴顿将军身上得到验证。当他俯瞰着美德之间一场坦克大战之后的战场时，战场上硝烟未散的余物和阵亡士兵烧焦的残骸令他由衷地赞叹："上帝啊！我可真是爱看这种景象！"

伴随着对毁灭和残酷行为的强烈爱好，这些人也会对"弱者"，对那些无助而脆弱的人们表现出痛恨（其实也是这些虐待狂内心中隐藏的另一个受虐狂的自我）。我们已经讨论过巴顿将军打士兵耳光的事件。在海军新兵训练营中，同样盛行这样的虐待狂行为，而且在名义上还被认为是一种有必要的"仪式化羞辱"，认为这样可以让新兵放下自我，自置于超越个人的目标承诺的力量控制之下。一个太司空见惯的情况是，军事教官的动机就是一种

虐待狂式的武士的动机，他总是想对自己手下的新兵进行羞辱和冒犯。我们如何才能理解一战中土耳其士兵们的残暴行为？他们在攻下阿拉伯村庄之后，竟然用刺刀挑开怀孕妇女的肚子，掏出未出生的婴儿，挂在这些妇女的脖子上！并且，他们还视之为赏心乐事！

虽然看起来似乎匪夷所思，但这种虐待狂式武士的残忍直接与对英雄原型能量的误解有关系；阴影武士们的行径的确与英雄男孩很相似。阴影武士把青春期的不安全感、诉诸暴力的情感以及英雄男孩在寻求对抗占压倒性优势的女性时所体验到的绝望都带到了成年生活中，这往往会引发受虐狂或者懦弱倾向，这是英雄男孩功能失调阴影的消极一极。一个受阴影武士两极影响的人，对自己合法的阳物权力没有太多自信，因此内心仍然在与他自感非常强大的女性力量搏斗，因此他对所有认为"柔软"的东西和与此相关的东西都抱有敌对情绪。即使进入成年，他仍然害怕自己会被对方吞没。这种令其绝望的恐惧引发了他的暴戾恣睢。

我们用不着费什么事就能在我们自己的生活中看到这种破坏性的武士能量表现。我们必须不无悲哀地承认在我们的工作场所中，当一位老板压制、骚扰、甚至不公平地裁掉一名雇员时，或

Part 2
男性心智解读——成熟男性气质的四个原型

者用其他五花八门的方式虐待他的下属时，就是这种破坏性的武士能量在作祟。我们必须承认，在家里也有这样的虐待狂，看看令人发指的妻子挨打、孩子遭受虐待的统计数字你就知道了。

虽然我们都可能在某些时候，受到这种虐待狂式的武士行为的传染，但是，坦率地说，有一种特殊的人格类型"中毒"最深。这是一种强迫性的人格失调。这种强迫性人格的人都是工作狂，经常孜孜不倦地工作。他们特别能忍受痛苦，经常能想方设法完成繁重的工作任务。但是驱动他这架机器永不停息运转的动力却是深深的焦虑感，是英雄男孩的绝望情绪。他们对自己的价值感非常没有把握。他们不知道自己真正缺的是什么，自己搞丢的东西和希望拥有的东西是什么。他们用尽一生都在和所有人、所有的事作斗争：他们的工作、摆在他们面前的人生使命、他们自身或者他人。在这一过程中，他们自己活活被虐待狂式的武士能量吞没了，很快就会油尽灯枯。

这样的人我们都熟悉。他们是当公司里的每个人都下班回家后，还待在办公室里不肯走的人。当他们终于回家后，还是睡不上一个囫囵觉。这是那些部长大臣们、社会工作者们、心理治疗师们、医生们和律师们，不夸张地说，他们真是在发扬舍己救人

的精神，夜以继日地在为别人弥补着别人身体和心理上的漏洞。在这个过程中，他们既伤害了自己，也伤害了那些在他们定下的这些不可企及的标准前面自愧弗如的人们。当然，他们自己也总是给自己定下难以达到的高标准，因此他们也会毫不留情地难为自己。如果你也不得不承认对自己的身心不甚爱惜，不太顾及自己的身心健康，那么很可能你也成了这种阴影武士能量的俘虏。

我们已经提到过，从事某些行业的男士，尤其容易遭遇武士能量失调的危险。军人职业就是个明显的例子，而那些革命者和其他各类活动分子可能是不太明显的例子，他们都很容易陷到阴影武士能量的虐待狂这一极端中去。我们变成了我们以前痛恨的人，这个老说法在这里应验了。一个令人悲哀的事实就是，当变革的领导人——不论是政治的、社会的、经济的变革，还是公司或者志愿组织内的小规模变革——赶走了暴君和压迫者（经常通过暴力或者恐怖手段）时，某些时候，他们自己就变成了新的暴君和压迫者。比如，人们总是说，20世纪60年代那些和平运动的领导人在暴戾、压迫方面，并不输给那些他们曾经与之殊死战斗的家伙。

和我们刚才已经提到过的那些职业一样，销售员和老师也很

Part 2
男性心智解读——成熟男性气质的四个原型

容易陷入这种强迫性的、自我激励的工作狂模式。而结果就是"兵强则灭,木强则折"。一名卡车推销员曾经连续好几年都是销售冠军,不但业务上争第一,在几乎所有领域他都不甘人后,最后身心终于难以支撑,只得去接受心理治疗。成年累月,他都怀着严格的自律和决心投入工作,不停地努力拼搏,向更高的目标攀登。有一天,他感到自己内心的某个部分崩溃了,提不起精神,疲惫感慢慢地涨了起来。他经常说感觉"油尽灯枯、精疲力竭了"。有一天早晨起床后,他发现自己浑身发抖,根本不敢去上班了。很快,他开始失眠,老是抑制不住地想在明显不合适的场合嚎啕大哭。他强迫自己又撑了几个月,但最糟糕的一天还是到来了,他发现陈列的车辆、场地、同事、顾客,所有的一切看起来都那么不真实。他去看医生,并遵照医嘱入院治疗。他遭受到虐待狂式武士能量的严重影响,受到了致命的啃噬。不久,他的妻子离他而去,最明显的理由就是他对自己不够体贴。他开始接受治疗。在治疗过程中,他发现了这种强迫性的自毁力量,以及它是如何影响自己,使自己与他人疏远的。他决心为自己的人生掀开新的一页。

任何职业如果对从业者造成了巨大压力,总是需要他竭尽全力去完成的话,就会让他露出软肋,就容易受到武士原型能量阴

影系统的影响。如果我们的内心结构不够坚实、稳定，我们就会依仗在外部世界取得的成绩来支撑自己的自信心。如果对这种支撑作用的需求太过强烈，我们的行为就会不由自主地走向自我强迫。但如果一个人着迷于不断"超越"，那么他就已经要落败了。他迫切地需要通过努力，压制内心的受虐狂能量，虽然他在外在行为上，实际上已经表现出了受虐的、自我惩罚的行为。

受虐狂是武士能量阴影消极的那个极端，是所谓的"随风倒"或者"挨鞭子的狗狗"，他们正是匍匐在虐待狂威风之下的受气包。男人更应对自己内在的懦弱感到一点担心，即使他们没有意识到也该担心自己的外表不够有阳刚之气。在受虐狂能量影响之下的人把武士能量投射在其他人身上，感到自己无能为力。他们不能在心理上捍卫自己，甘愿被别人（甚至包括他自己）玩得团团转，听任他们超越能让自己勉强保持自尊的心理界限，更遑论自己的情绪和身体健康了。所有人，无论从事什么行业，都有可能在我们生活的某个领域受到武士能量原型两极阴影的影响。当我们难以确定自己是否应该退出一段不可能的男女关系，是否应该远离某个朋友圈，或者是否应该辞掉一份令人灰心的工作时，也许就是受其影响的表现。我们都熟悉这样的说法："身后有余当缩手"或者"要学会止损"。可是对有强迫型人格者来说，不

Part 2
男性心智解读——成熟男性气质的四个原型

论危机的信号多么明显，不论梦想多么遥不可及，敌人多么不可战胜，他们还是会蒙头继续大干，想把萝卜变成人参，结果却是把金子变成了灰烬。如果我们受困于这种受虐狂能量，我们就会不管不顾地这样受虐下去，直到有一天物极必反，我们会以虐待狂的面目来个口头暴力和身体暴力的总爆发。原型阴影在两个极端之间的来回摆动，正是这些失调的机能系统的特征。

获得武士能量

如果我们被武士阴影的活跃端所影响，我们就会以虐待狂的形式体会到它的力量。我们会虐待我们自己和他人。如果我们觉得自己和武士能量不沾边，那么我们就可能是受到了这一原型消极端的影响，我们就会变成懦弱的受虐狂。我们会梦想自己能果断行动，能实现梦想，但往往做不到。我们缺少气势，显得垂头丧气，更缺少为了实现有价值的目标而忍受必要痛苦的能力。如果我们是在学校上学，就可能完不成作业，写不好论文。如果我们从事销售工作，并被任命为开拓新市场的人物，我们就只会坐在那里看着地图和联系人名单发愁，难以马上拿起话筒，进入工

作状态。看着眼前的任务，虽然还没有动手做，但我们在心理上已经先败了。我们就是不愿意马上"跳起来投入战斗"。如果我们恰好是政治家，我们就不敢正视眼前的问题和公众的关切，我们会见风使舵，想尽办法避免直接对抗。如果我们感觉在公司薪资方面受到不公正对待，公司应该给自己加薪，我们会先开始顺着走廊走向老板的办公室，一边走一边感到胆战心惊、犹豫不决，于是转个弯溜掉了。对于本书中描述的全部这几项原型，我们都需要问问自己的是，我们是否被这一阴影系统的一个或两个极端所控制了，我们又是出于什么样的原因而未能获得这种男性能量的潜力，使之为我们所用的。

如果我们能够正确地获得武士能量，我们就会成为一个精力充沛、敢于决断、勇敢顽强、不屈不挠的人，会把一些更高远的目标放在我们的个人利益之上。同时，我们也需要用其他的成熟男性能量来为武士能量增光添彩：国王、祭司、诗人，都能为我们所用。如果我们能够正确地获得武士能量，我们就能做到既不感情用事，同时又充满热情、有同情心、有欣赏能力和产出能力。我们会关心自己和他人，会勇于为正义而战，建设一个新的、更公正的自由世界，让世界更加美好，成为适于每个人和每件事的乐土。

Part 2
男性心智解读——成熟男性气质的四个原型

chapter 07 祭司

在影片《太空英雄》(*The Right Stuff*)中有这样一幕：戈多·库珀来到了一个位于澳大利亚内陆的追踪站。从这里他能监测到飞船约翰·格伦的第一次在轨飞行。到达目的地后，他钻出自己的路虎车，看到一些土著居民正在这里扎营。一位年轻人向前走了几步。戈多问他："你们是什么人？"这些土著人回答："我们是这里的土著居民。你又是什么人？"戈多告诉他们："我是一个宇航员，从星星和月亮之间飞到此地。"这位年轻的土著小伙子回答道："哎，原来你也是啊？看那个家伙！"他指了指坐在一把大伞下的一个面容干瘪的老头，这人正眯着眼瞅向远方，貌似真的看到了什么别人看不见的场景。这位年轻的土著小伙子又

解释道："他也知道，他也飞过，他都明白。"

那天夜里，当格伦在头顶上的天空中沿着轨道飞行时，火花不断从磨损中的隔热板中飞出来，此时土著人燃起了一大堆篝火，挥舞着他们的吼板（注：澳大利亚土著用于宗教仪式的一种能发声的木板），煽动火花飞向天空。通过镜头剪辑，我们看到了这样的效果：这些飞上天的火花与飞船发出的火花交汇在一起。此时，通过这种交感巫术，隐藏的能量得以连通，土著祭司给飞行中的飞船提供了力量和帮助。

我们经常错误地认为，我们和古老的祖先们有天差地别，因为我们拥有丰富的知识和令人惊叹的先进技术。但是我们的知识和技术正起源于像这个土著老人一样的人们的心中。在古代的部落社会中，他和所有像他这样的人，都获得了祭司能量。牵引我们的文明前行的，正是这种祭司能量。萨满教巫师、巫医、术士、发明家、科学家、医生、律师、技师，所有这些人都是获得了相同男性能量模型的人，而无论他们生活在什么时代，生活在何种文化环境中。在亚瑟王的传说中，梅林建立了卡米洛特宫殿，在那里，技术工艺、心理学、社会学尚处于朦胧中；他管理着天气，管理着一个有序而平等的社会，管理着

Part 2
男性心智解读——成熟男性气质的四个原型

人们之间的亲密关系和爱的祝福,以及公认的追求最高目标[比如圣杯(Holy Grail)就是这种情况]的需要。欧比旺·肯诺比(Obe Wan Kanobe)在《星球大战》的冒险中,力图通过把关于"原力"(the Force)的隐秘知识与先进技术的应用结合起来,引导银河系进行一次更新。

不管我们在哪里、在何时,遇到祭司原型的能量,它都具有两面性。祭司是个有知识的智者,也是掌握了技术的宗师。更进一步说,被祭司能量引导的人,之所以有能力实现这些祭司的功能,部分是因为他能够利用这个仪式化的启蒙过程。他是"掌管仪式的老者",不论是在内心世界还是外部世界,都能够引导这个转变的过程。

人类社会的祭司,其本身始终是一个启蒙者的角色,其使命之一就是对众人进行启蒙和接引。但他启蒙、接引的是什么内容呢?他是各类隐藏及隐秘知识的启蒙者。这是非常重要的一点。所有需要经过特殊训练才能获取的知识,都是祭司能量的用武之地。你可能是一个学徒电工,需要经过培训成为高级电工,去探索高电压之中的奥秘;或是一个正在日夜苦学钻研人体奥秘的医学专业学生,准备运用学到的医术去帮助你的患者;或者是一个

未来的股票经纪人抑或是一个学习高级金融知识的学生；又或者你是一个正在学习精神分析学派的实习生，你的职责刚好和那些学做萨满教巫师的弟子或者部落中的巫师一样。不论是上述哪种情况，你都正在花费大量的时间、精力和钱财，以便能够被引导进入属于神秘力量的高贵、飘渺的王国中去。你正在经受着严酷考验，力图获得足够的能力，以便成为能够掌控这种神秘力量的大师级人物。但是不论学习上述哪一个行当，一个不争的事实是，没有人能保证你百分之百取得成功。

祭司是一个非常普遍的原型，在整个人类历史进程中，他都影响着男性心智，而当代人则可以在他们的工作中和个人生活中获得这种能量。

历史背景

有些人类学家认为，在某些特定的历史阶段，国王、武士、祭司和诗人这几种男性能量是不可分离的，"首领"一人把各种

Part 2
男性心智解读——成熟男性气质的四个原型

原型的功能集于一身，全面体现了各种原型能量的影响。因为四种能量都体现在同一个男性自我中，而且相互之间达到了平衡，所以在这个部落社会中，"首领"可能就是唯一一个能够体验到诸般圆满的"完人"了。但即便如此，在尚存于今日的土著人社会中，这些男性能量还是出现了某种程度的分化。在这样的社会中，有一个国王/首领，有国王的武士，也有祭司——包括神职人员、巫医及萨满巫师等，不论称呼如何，他们的特异之处就是知道一些人所未知之事。比如，他知道星辰运转、月相变化、太阳南北移动的奥秘；他知道何时应该播种、何时应该收获、下个春天畜群会在何时到来；他能预测天气，知道哪些植物可以入药、哪些有毒；他能洞悉潜在人类心智深处的潜在动力，能够出于好的动机或者坏的动机，对他人进行操纵；他对人的祝福和诅咒都很灵验；他知晓看不见的精神世界，也就是神圣世界，和看得见的人类世界、自然世界之间的联系。人们在遇到问题和困惑时，在身心遭受痛苦和疾病时，都来向他求助。他是人们的忏悔对象和牧师，他能把别人看不穿的问题看清楚。作为先知或者预言家，他不仅看得远，而且看得深。

祭司们所掌握的隐秘知识当然能让他们拥有巨大的权力。而

国王 武士 祭司 诗人
King Warrior Magician Lover

且正因为他了解深藏的无意识力量，知道这种能量在个人、社会或者神祇间流动的动态和在自然里存在的模式，因此他就成了一位控制和传送能量的大师。

正是这些祭司们，沿着底格里斯河和幼发拉底河，沿着埃及的尼罗河，创造了我们今天所知的古代文明。是他们发明了文字语言，发现了数学、工程、几何以及法律的奥秘。在法老的宫廷里，有《圣经》中所称的巫师给他们提供全方位的顾问服务。传说中的埃及祭司伊姆霍特普（约公元前2800年）就因为在药物、工程和其他科学技术领域的重要发现，而广受赞誉。他设计建造了第一座金字塔，就是法老左赛尔（Djoser）的金字塔，号称阶梯金字塔。他就是他那个时代的爱因斯坦和乔纳斯·索耳克（Jonas Salk）。

祭司不但能深刻洞察自然的奥秘，而且能勘透人的内心世界，正是依靠后一种洞察力，他有能力力挫任何重要的政府官员，尤其是国王的傲慢之气。一个男人身上的祭司原型就是他的"胡话探测器"，使他能看穿他人的掩盖否认，洞察事情的真伪曲折。当邪恶总是乔装成美好以掩人耳目时，他能识别其险恶目的和他的潜藏之所。在古代，当一位国王被愤怒的情绪

Part 2
男性心智解读——成熟男性气质的四个原型

所控制，想要惩罚一个拒绝纳税的村庄时，一个祭司总是能通过引导其兼权熟计，或者以锐利的逻辑机锋点化，把他从情绪的疾风骤雨中解救出来，唤回其国王应有的良知和判断力。

先知南森是大卫王的祭司，他不止一次为大卫王提供过此类劝谏式的心理引导。其中最有戏剧性的一次是巴希巴事件，我们前边已经提到过。当大卫对怎么处理巴希巴有了自己的主意，并且处死了她的丈夫乌利亚以后，南森轻轻地走进了宫殿内的御座室，并停在他的面前。然后，南森给大卫王讲了这样一个故事：从前有两个男人，一个穷人和一个富人。富人有大群的羊，而穷人只有一头小羊羔。有一天，有一位旅客赶来拜访这位富人，这位富人不得不用豪华的宴会来接待他。不过他并没有宰自己的羊，而是到穷人那里，把小羊羔拉过来杀掉，做了这顿丰盛的美餐。大卫王勃然大怒，质问是哪个家伙干下这么该死的事情。南森回答道："您就是那个人啊！"大卫王幡然醒悟，从此以后，他再也没有那么自我膨胀了。

梅林是亚瑟王的祭司，他的做法和南森如出一辙。梅林帮助亚瑟王把一些事情彻底想明白，并在这一过程中，让他摆脱自己的傲慢情绪。音乐剧《卡米洛特》和 T. H. 怀特的戏剧杰作《永

恒之王》（*The Once and Future King*）所依据的史实就是，梅林经常指导亚瑟王，事实上，他承担了亚瑟王的启蒙人角色。在他的启蒙接引之下，亚瑟王通过正确的方式，获得了国王能量。结局是，亚瑟王越来越成长为一个神完气足的成熟男性，同时也变成了一个更加圣明的国王。

在古典时代晚期，出现了一场被称为诺斯底主义（Gnosticism）的运动，它出自古希腊的神秘宗教，又被早期的基督教教义赋予了新的生命。诺斯底（Gnosis）是一个希腊语词汇，意思是在一个深刻的心理学和精神层面上达到"知晓"。诺斯底教徒都是些对人类心理和宇宙隐藏的动力有着深度理解的"知晓者"，他们的确是"原始深度"的心理学家。他们会教会自己的接引、启蒙对象，如何发现自己无意识下的动机和驱动力，如何在人类幻念的可怕黑暗中勇往直前，如何最终与隐藏在心底的"中心"实现圆融合一。诺斯底主义运动因为重点关注洞察力和自知（Self-knowledge），因此在早期基督教的广大信众中并不受欢迎，并在天主教教堂的迫害之下失去了生存之机。不管要获得哪种类型的知识，都是困难而痛苦的过程，当然更别说要洞察人类心智的暗运潜行之道了，因此绝大多数人从来都不愿意遭这份罪。

Part 2
男性心智解读——成熟男性气质的四个原型

但是祭司阶层虽然遭到了早期基督徒们的迫害,但这一原型不会被彻底驱逐出局;当然也没有任何一个本能性的心理能量可能发生这样的情况。在中世纪的欧洲,这种隐秘知识的传统,又以"炼金术"的面目卷土重来。我们绝大多数人都知道,从一定层面上说,所谓炼金术就是要从一些普通材料中提炼出黄金。在这个层面上,他们的失败是确定无疑的。但我们绝大多数人没有认识到的事实是,炼金术也是一项精神技巧,能够帮助炼金术士们自身得到对事物的洞察、得到自我觉察和实现个人的转变,这也就成了一种能帮助他们上升到更成熟人格的自我接引和自我启蒙。

在很大程度上,是炼金术催生了现代科技的出现,当然这里指的是化学和物理学科。认识到我们的现代科学也能像古代祭司的工作一样分成两个方面,会让人觉得很有趣。第一类是"理论科学",这是祭司能量"知"的方面;第二类是"应用科学",这是祭司能量的技艺方面,关注如何运用已经获得的知识来控制和导引能量。

我们相信,我们当今这个时代就是一个祭司的时代,因为这是一个技术为王的时代。说这是一个祭司的时代,至少在物质方

面令人担忧，因为这会导致对自然的过分解读以及使人类过分拥有改变自然的力量。但是谈到非物质的、心理或者精神的启蒙、接引过程，这种祭司能量看起来还是供应不足。我们已经注意到，当今社会缺乏那些主持仪式的长者，正是这些人才能启蒙、接引男孩达到更深层次、更高成熟度的男性身份认同。虽然技术学校、行业协会以及专业人员协会等各种其他的协会与机构都能通过物质世界的繁荣表达出祭司能量，并能在这层意义上，为那些想要成为"大师"的人提供启蒙、接引；但是在个人成长和转变这一领域，这样的祭司能量并未做得足够好。正如我们已经提到过的，我们的时代是一个自我认同和性别认同混乱的时代，而这种混乱往往是由于在一些重要的生活领域，人们获得的祭司能量不足。

粒子物理学和深层心理学这两门科学仍然在以整体性的方法，从事着古代祭司们的工作，正是这两门学科把祭司能量的物质和心理两个方面整合起来。它们在各自寻找把祭司能量的物质和心理方面结合起来的整体性方法，除此之外，它们还在寻求至少能够部分地控制这同一隐藏能量的源泉，虽然古人对此已经有过非常深刻的理解。

有人指出，现代的粒子物理学在处理印度教和佛教的直觉洞察方面非常像东方神秘主义的做法。这门新兴的物理学科正在发

Part 2
男性心智解读——成熟男性气质的四个原型

现一个微观世界，而它正位于我们感官印象中非常坚实可靠的宏观世界之下。这个由粒子组成的看不见的世界，与我们通常感受到的这个宏观世界很不一样。在这个隐藏于事物表面之下的世界里，现实的确变得十分奇怪。与在宏观世界里的表现相比，相同的粒子与波在这一微观世界中，其特性变得非常不一样。不用切分开来，同一"粒子"在同一时间，看起来可以同时位于两个不同的地方。物质失去了它的"实在性"，看起来像是聚集在一起的能量节点，在或长或短的短暂时间段内，集中于局部的一些点上。能量本身看起来是来自于一个虚无空间中隐蔽非常深的栅格状结构，已经不能被看做"空"的东西。粒子则出现于潜在的能量场中，像海中波浪一样，而结果总是减退——或者"衰减"——直到回归产生它们的虚无之境。关于时间的问题是：它是什么？它去向何方？时光会倒流吗？有没有一些特定的粒子会逆时间旅行，然后再调转方向进入我们的时间中？宇宙的起源是什么？最终的命运又如何？由于这些新发现和新问题的提出，一些老问题也重新浮现。存在与非存在的本质是什么？数学所预测的其他维度，在事实上是否存在？它们和古代宗教所言的其他"位面"或者"世界"在哪些方面有相同之处？物理学家们已经走入了一个完全潜藏的、属于隐秘知识的王国。他们所游走的这个思想世界非常类似于古

代祭司的世界。

深层心理学的情况与此类似。当荣格正在探索描绘首张关于无意识的地图时,他吃惊地发现人心智中的能量流和原型模式尤其与马克思·普朗克(Max Planck)的量子力学非常相似。他对此深感困惑。荣格意识到自己已经在无意中闯入了一个仍然在被现代人严重忽视的广阔世界。在这个世界中,生动的形象和符号起起落落,正如能量的波浪一般,看起来能够解释我们的物质世界。这些原型现实深藏于我们集体无意识的深空之中,看起来正是构成我们思想、感觉、行为和反应的习惯模式或者宏观人格世界的积木。在荣格看来,这种集体无意识很像粒子物理学中看不见的能量场,而这两者又都和诺斯底教所描绘的"普累若麻"(Pleroma)很相像。

现代物理学和深层心理学的共同结论是,世界并不就是我们所看见的这个样子。我们当做正常现实而体会到的,不论是关于我们自身还是自然界,都只是浮在万丈深渊里的冰山上的一角。对这个隐藏的王国进行理解是祭司们的任务,正是通过祭司能量,我们才能对我们的生命进行一定深度的探索,而在西方至少1000年来的历史中,人们对此还只能通过梦来了解。

Part 2
男性心智解读——成熟男性气质的四个原型

有迹象表明，荣格就把他自己看成这样一个祭司。当有一次，有人问他是否相信上帝时，他的回应属于真正的诺斯底教徒风格："我不相信上帝，我自己就能知道。"他的一些早期追随者说过，他把这些秘密传授给他们，但他们不能对外透露，只能传给那些已经被启蒙、接引到最高、最深水平心理意识的人。

这绝非无意义的废话，每一个精神分析医师都知道，他或者她必须仔细斟酌在某个特定时间应该向接受精神分析者透露多少秘密信息。无意识能量的威力是巨大的，因此如果不加控制和导引的话，如果人们不是在合适的时间以合适的剂量获得这种力量，那他的自我结构势必将被冲击成碎屑。太大的力量如果没有"变压器"和合适数量的"绝缘体"来管控，那它就会让精神分析对象的"电路"过载，会把他的心智完全摧毁。隐秘信息的透露必须斟酌控制其"剂量"，因为起初这样的信息之所以被隐藏起来不为其本人所知就自有其道理。

在我们的现代生活中还有另外一个领域，在这里导引自祭司原型的、属于心理和精神的知识和能量正在得到复活重生。这就是所谓的神秘学领域。在我们生活的各行各业，有很多仪式性的祭司，如银行家、电脑操作员、家庭主妇、化工工程师以及其他

诸如此类的人，他们像其他人一样做着他们"日间"的正常工作，在业余时间，尤其是晚上，才返回到他们真正的工作世界，此时他们寻求的是上升到更高的"位面"上。他们寻求和他们称之为"实体"的东西建立联系，这能教会他们如何看得更深刻，如何驾驭他们获得的这股或好或坏的力量。这些人就像古代的祭司们一样，都和涉及秘密智慧及力量的知识有关，都和如何实施能量的控制（通常要运用"魔法阵"的绝缘效应以及祈求和驱除的"咒语"）及导引（经常要通过运用所谓的"魔杖"）的技术性问题有关。

对所有的仪式过程、所有的深刻认知和任何形式的能量控制而言，"神圣"空间的问题都会冒出来。神圣空间是原始力量的容器——像"降压变压器"一样，能够起到绝缘作用，也能把接收进来的能量再导引出去。它类似核电站反应器的防护盾，它是教堂里的庇护所。它是赞美诗和标准的祷告，是祈求和祝福，目的就是调用好神圣力量，保护信众不被这股原初强度的神力所毁灭，同时又能得到这股力量的加持。

关于神圣空间和对神圣力量加以控制的问题，在《圣经》里有一个精彩的故事。大卫王和他的军队从菲力士人手中夺回了约柜（the Ark of the Covenant），这是为耶和华提供力量的一种便

Part 2
男性心智解读——成熟男性气质的四个原型

携式"发电机",他们要把它送回耶路撒冷。约柜就放在牛车上摇摇晃晃地往前走。行走间,约柜差点从车上滚下来,一个走在牛车边上的士兵,本能地伸出手按住约柜,使之安稳下来。但是这个士兵却马上被"电"死了,因为只有神父,也就是经受过相关训练的祭司,才有知识和能力处理这个上帝力量的"核反应堆芯",也才有资格碰触它。他们知道绝缘的秘密;他们知道如何才能把耶和华的能量控制并引到人间世界。这个不幸的士兵,虽然想法很好,但他不是担负这种职责的合适人选。

在影片《夺宝奇兵》(*Raiders of the Lost Ark*)中,我们看到了对创造能量的约柜主题所做的现代演绎。在这里,印第安纳·琼斯(Indiana Jones)正在和纳粹比赛,看谁能先找到约柜,并能使这一古代"技术"的巨大能量为我所用。结果是纳粹先找到了。此时有一个精彩的场景:一个纳粹司令官身着礼袍,口诵仪式咒语,正想激活约柜的能量。他已经按下了"启动"按钮,可他明显不是祭司。因为当他启动了约柜的能量之后,他不知道如何控制这股自己放出来的力量。他找不到"停止"按钮。属于耶和华的能量被释放出来了,但是边上没有祭司这样的技师和智者,结果这帮纳粹军人被巨大的能量烧成了青烟。

同样的主题还出现在沃特·迪斯尼（Walt Disney）的《幻想曲》（Fantasia）系列剧中。祭司的弟子米老鼠被留下来为师父——一个男巫师（祭司）打扫工作间。米老鼠没有按照通常的方式费力干活，他决定试试自己的魔法。他激活了拖把和水桶，开始一切还算顺利。然后，他释放出的魔力就失去了控制。毕竟，他只是一个学徒，他根本就不知道怎样把已经发动起来的力量再收回来。拖把和水桶开始变得越来越多，场景变得很狂乱，不幸的是，米老鼠不知道念哪句咒语能够停止这股力量的爆发。拖把和水桶不断地往屋里倒水，这个祭司学徒被淹在不断升高的波涛里，眼看就要被淹死了。最后，师父回来了，一切迎刃而解。

运用粒子物理学，我们经常发现自己掌握的知识和技术是不够的，但在认识到这一点时，常常为时已晚。前苏联在切尔诺贝利的灾难就是一个最引人注目又最不幸的例子。

在心理学领域也发生了同样的事情。一个经常发生的情况是，一位没有受到正确启蒙和接引的治疗师，自身的技能还不成熟，在一些至关重要的方面，还算是学徒水平，但是他们在分析对象身上引发了自己还难以控制的力量。这类控制问题时不时地就会在集体治疗的情况下出现，尤其是在六十岁和七十岁这两个年龄段的"交心心理治疗小组"中更易出现。通常情况下，不管是参

Part 2
男性心智解读——成熟男性气质的四个原型

与者还是小组的领导者，对可能释放出来的力量都谈不上真正的理解。在控制这一过程的心理动力机制方面，这样的小组领导可谓既没有相关知识，也没有技术专长。结果是，这个小组将向负面的方向转化，个人的崩溃，然后是小组的集体崩溃会先后发生。

同样的事情，会时不时地发生在摇滚音乐会上。音乐家们在观众中调动起了侵略性、爆炸性的情绪，随后，如果他们没有很好地接受过祭司能量，就不会控制和导引这种巨大的能量。观众们变得狂乱起来，可能会横冲直撞地杀出音乐厅，跑到大街上恣意进行破坏和释放。

完整的祭司原型

男人们总是寻求找到自身的幸福并为我们所爱的人、自己的公司、我们的事业、我们的人民、我们的国家和这个世界创造福祉。这意味着什么？在我们的日常生活中，成熟男性气质中的祭司能量发挥了什么样的作用？

祭司能量首先是意识和洞察力的原型能量，但也是那些难以

马上看清楚或者能够完全领会的知识的原型能量。正是它统领着心理学中所说的"正在观察中的自我"（the observing Ego）。

人们认为，有时在人的深层心理中，自我的重要性居于无意识之后，不过在事实上，自我对我们的生存是至关重要的。只有当它被另外的能量形式所支配，与另外的能量形式相混同，或者被另外的能量形式鼓动到膨胀时，它的运行才会失灵。对其发生影响的能量形式，可能是其他的某个原型，也有可能是其他的原型"复合体"（比如像暴君这样的原型片段）。这一原型能量的正确作用形式包括：让你退后一步仔细观察，去环顾四周，去注意观察出自外界和内心的数据信息，然后再依据自己的智慧——不管这是来自内外的知识的力量，还是在导引能量方面的技术技巧——来确定那些必要的生活决策。

当这个观察中的自我和男性的阳刚本我（Masculine-Self）沿着"自我-本我轴心"（Ego-Self axis）配合起来时，那么它就被接引到了本我的隐秘智慧中。从某种意义上讲，它就成了男性本我的一个"仆人"。而从另一个方面说，它又是这个本我能量的领导者和导引者。因此，在整体的人格中，它就扮演起至关重要的角色。

Part 2
男性心智解读——成熟男性气质的四个原型

赫尔墨斯·特里斯梅季塔斯（可见的神）[依照《符号黄金表》(*Symbola Aureae Mensae*) 雕刻，1617 年，感谢英国伦敦图书馆的支持。]

这个观察中的自我和你的普通的日常事件流、你的感情、你的经历都是分开的。在某种意义上，他不是在过一种生活，而是在注视着你的生活。当你需要能量的支持时，他会在正确的时间，按下正确的按钮，为你接通能量流。他就像水电站大坝的操作员，盯着测量仪表和计算机的屏幕，观察着大坝表面承受的压力，决定是不是要升起水闸放水。

祭司原型与这个观察中的自我相呼应，把我们与来自其他原型的巨大影响力隔绝开来。它就是我们体内的数学家和工程师，调整着我们心智的各项生命机能，使之如一个整体般协调一致地运转。它知道我们内心动力的凶猛势头，也知道如何导引，使之产出最大利益。它知道我们内心中"太阳"不可思议的巨大威力，也知道如何导引"太阳"能量，使之产出最大利益。祭司的模式规范着我们内心各种原型的能量流，使之为我们每个人的生活创造福祉。

很多人间祭司们，不管他们从事什么职位，也不管处于哪个行业（包括神秘性执业人员），为了自身和他人利益，都在自觉地运用他们的知识和技术能力。医生们、律师们、神父们、首席执行官们、水管工和电工们、从事研究工作的科学家们、心理学

Part 2
男性心智解读——成熟男性气质的四个原型

家们以及其他很多职业人员，当他们能够正确地得到祭司能量时，都能把那些原始力量变成众人的利益之源。当巫医和萨满教祭司们用起他们的摇铃、护身符、药草和咒语时，当医学研究人员正在为治愈威胁人类生命的疾病而苦心钻研时，情况也是一样的。

当祭司能量反映在武士原型中，就表现为他能进行清晰的思考，对此我们已经详细讨论过。不同于武士原型，单独的祭司原型自身没有什么行动力可以称道，但他的确具有思考的能力。当我们在日常生活中遇到一些看起来几乎难以决断的问题时——如在需要考虑很多困难而复杂的政治性因素时公司究竟提拔谁；如何处理孩子在学校缺乏学习主动性的问题；如何对房间进行设计才能既适合客户的特别需要，又符合政府的规范要求；当我们看到一个接受心理分析的对象正走向危机时，怎样才算适度向他透露他的梦境所隐含的意义；甚至在困难的经济条件下，怎样借贷才合适——当我们面对和处理这些问题时，当我们通过深思熟虑对此进行决策时，我们就是在获得和运用我们的祭司能量。

祭司是一个沉思与反思的原型，因此，它也是一种内向性的能量。我们这里所说的内向与害羞和胆怯没有关系，而是一种能够从身心内外的"暴风雨"中抽离出来的能力，是与内心深处的资

源和真相连接起来的能力。从这个意义上说，所谓内向型人格，相对于其他人格的人们，生活得更加超脱，更加能够与自己的中心意识拉开距离。祭司能量能够帮助一个人建立起自我-本我轴心，能够使之保持内心的岿然不动和圆融合一，而同时又能保持情感上的距离感。这样的人不是墙头上的草，不会唯唯诺诺，任人摆布。

祭司原型往往会在危机中灵光一闪。一个中年男子向我们报告过在最近的一次撞车事故中所发生的事情。当时是冬天，他正开车从山上往山下走。在他前面，有辆车在山脚下的一处停车标志前停住了。他跟着刹车，可是在他正常刹车的过程中，车轮突然开到了一块冰上。制动锁死，他的车像火箭一样顺着山路滑了下去。眼看着车子就要直直撞向前方车辆的后保险杠，他感到惊恐万分。可就在这时，奇迹发生了：意识突然发生了转变。转瞬之间，所有的东西都变成了以慢动作运动。这个人感到自己平静和镇定下来了。他现在有"时间"来判断自己有几个选项。整个人好像被计算机接管了，内心的另外一种智能好像被启动了。内心深处的一个"声音"告诉他，放掉刹车踏板，然后改成点刹，同时尽量控制车辆往右行。如果这样做，当撞上前车时，他就会

Part 2
男性心智解读——成熟男性气质的四个原型

岔开一定角度，就能大大降低冲击力，如果在道路一侧积雪松软的路堤上撞停时，也能或多或少降低伤害。这个人就这样成功地操控了他的车子。

我们认为，他的这种情况，就是在危机时刻突然接通了祭司能量，并通过技术能力，给他帮了大忙，实现了不幸中的万幸。正是这种倏忽而至的能量给他带来了关于采用不同措施可能导致不同结果的外来性"知识"和对于力作用线（指对力量的控制和导引）的正确理解。

如果我们能想上几分种，想想在我们所有的生活领域中所进行的清晰、审慎的思考都是基于我们的内在智慧，并是在熟练的技术能力协助下进行的，我们就会认识到，我们的确需要获得祭司能量。

当人们处于困境时，常常被拉入某种可以被称为"神圣"的时空框架中,因为这里和我们日常所经历的时空有着太多的不同。在上述这个例子中，这位司机突然发现自己置身于一个内心的时空之中（他描述的慢动作效应），这和他方才经历的惊慌失措的感觉大不一样。这种神圣空间是那些受到祭司能量影响的人很了解的一种境界。这些人可能会有意识地、实实在在地把自己置于

这样一个"空间"内，这很像主持仪式的祭司画出他们的"魔法圈"，并念动咒语。他们通过谛听某种音乐作品，通过沉浸于某种嗜好，通过在树林中长途步行，通过对某个特定主体或脑海中的形象进行冥想以及其他各种方法进入这样的"空间"。当他们进入这样神圣的内在空间时，他们就会接触到祭司原型；当自身在这个内在空间浮现时，他们就会看到，对当下的问题，他们需要做什么，并且知道怎样做才好。

我们相信，历史上祭司原型出现时所经由的那些途径，以及今天在很多男人身上出现时所显现的那些状态，都不过是这一原型完整形象的某些片段而已。要说男人身上原初祭司原型最完整的展现，按照人类学家的观点，还是在萨满教巫师身上。传统社会中的萨满教巫师是治愈者，能够修复生命，能够找回丢失的灵魂，能够发现灾祸暗藏的原因。他是能让个人和团体都回复到圆融、完整状态的人。事实上，在今天，祭司能量仍然有着与此相同的根本目的。祭司以及萨满教巫师这样完全承载了祭司能量的尘世之人，通过热情地运用他们的知识和技能，追求着让万事万物达到圆满的目标。

Part 2
男性心智解读——成熟男性气质的四个原型

阴影祭司：抽离的操纵者和否定性"头号无邪"

虽然祭司原型本身很积极，但也和其他成熟的男性能量一样，有它的阴影形式。如果说我们现在的时代是祭司的时代，那么这也是两极化阴影祭司的时代。你只要想想层出不穷的有毒废料正在污染、祸害地球环境的事实就可以了。祭司弟子们的"拖把和水桶"正在不停地疯狂繁殖，你可以看到地球的臭氧层正在裂开口子，海洋里横溢着人类丢弃的垃圾，野生动物种类锐减（很多物种已经完全灭绝），巴西雨林面积大幅下降，这不仅破坏了巴西的生态环境，而且威胁着供养几乎所有生命形态的我们整个星球的氧气释放能力。在第二次世界大战最黑暗的日子里，正是这些阴影祭司们，不但提供了死亡集中营的技术，还提供了至今仍高悬我们头顶的能够剥夺所有人性命的末日武器。掌握自然本是祭司的正确职能，但这项职能正在失控，造成了难以估量的苦果，我们现在已经开始品尝。

疯狂的科学家（摘自《伦敦狼人》(Werewolf of London)，感谢 Culver 图片公司的支持。）

Part 2
男性心智解读——成熟男性气质的四个原型

从特殊意义上讲,祭司阴影活跃的一极是"有操纵力的阴影"。处于这个阴影下的人,不会以祭司的身份去指导别人;他其实是在用他们看不见的手段操纵着别人。他的兴趣不是以渐进的步骤启蒙和接引其他人,使之能够消化、吸收并成功整合他们所传播的信息,以实现更美好、快乐、圆满的人生。相反,这些操纵者们故意摆布众人,不让他们掌握有助于创建幸福生活的信息。即使对于一些微不足道的信息,他们也故意抬高门槛,只是为了充分显示自己的高人一等和学识非凡。阴影祭司不但是超然的,也是冷酷的。

很遗憾,在我们的研究生院就能找到这样的好例子。一些研究生非常聪明、有天分,学习也非常用功,他们就和我们说起过在一些教授身上遇到的阴影祭司经历。这些教授没有认真启蒙、接引学生,让他们正确地获得祭司能量,带领这些年轻人进入高深研究的神秘王国;反而习惯性地打击他们,企图浇灭他们的学习热情。不幸的是,这样的剧情在各个层次的教育机构里可谓屡见不鲜,从幼儿园到医学院,从普通高中到职业学校概莫能外。

在现代医学领域中,很多业内人士身上都表现出了受这种阴影影响的症状。众所周知,在医学领域里,专家们赚钱是最容易

的，他们是通向艰深医学知识领域的启蒙者、领路人。毫无疑问，很多医学专家对患者的安危是真诚关心的。但是许多医生并不愿意告诉患者，有关他们病情的重要细节情况。尤其是在肿瘤医学领域，医生们惯性地隐瞒重要信息，以致患者和他们的家属不能对后续治疗可能带来的痛苦甚至可能到来的死亡，做好心理准备。更有甚者，高涨的医疗费用——尤其是引自国外的医疗设备和疗法——不止验证了这些人对权力的贪婪（这是一种由于掌握了秘密知识所形成的权力），而且证明这些"操纵者"能量上身的人也变成了物质财富的奴隶。这些人首先把他们掌握的隐秘知识当成了实现自我目的的工具，给他人谋福利只是第二位的想法（如果说他们还有这样的想法的话）。

不论其目的何在，法律以及法律程序与文件的编码语言日益增长的复杂性，都是在向普通公众宣称："我们从事法律专业的人能够接触到隐秘知识，这对你们来说既能成事也可能坏事。虽然我们向你们收取了天价服务费，但你们能不能真从我们的魔术中获益，那要另说。"

在医生的诊室里，也经常发生这种情况，医生会隐瞒患者需要知道的信息，而患者要靠这些信息才能调整好自己，他们会巧

Part 2
男性心智解读——成熟男性气质的四个原型

妙或者不那么巧妙地向患者示意:"我是非凡智慧和隐秘知识的掌握者,你的康复离不开我的智慧和知识。我能决定你的命运。努力从我这里获得它吧。顺便说一句,出去时请把你的支票给我的助手。"

这种以膨胀自我利益为目的,而进行知识垄断和封锁的行为也在"麦迪逊大道"上大行其道。在这里,广告商们对公众心智进行大肆操纵,以满足他们所服务的客户对利润的贪婪和对商品地位提升的需求。为实现目的,他们甚至已经到了公然撒谎的程度,这与真诚的交流南辕北辙,这种感情上的超脱让人齿冷。在本质上,这和独裁政府的宣传部门所做的那些勾当,在破坏性和自私性上已经完全可以划等号了。通过巧妙地运用那些能牢牢击中人类弱点的形象和符号,这些江湖骗子们数着念珠,炫耀着自己作为黑色祭司、邪恶巫师和伏都教巫医的能耐。

源于与人类世界价值观令人齿冷的抽离和对潜意识的操纵技术,被操纵者能量所控制的人不但伤害了他人,其实也伤害了自己。这是一个心机太深的人,他不是在实际地投入生活,而是退在一边冷眼旁观。他自己被困在一张任何决策都亦是亦非、是非莫辨的网中,迷失在一个不知经过多少次曲折反射而形成的光线

迷宫里，难以解脱出来。他害怕面对生活，不敢"跳起来投入战斗"。他只会坐在岩石上思考，坐看时光流逝。他惊讶于时间都去哪儿了，最终会为生活的贫瘠感到遗憾。他是一个偷窥者、键盘侠、扶手椅上的冒险家。如果是在学术世界中，他就是一个拘泥于琐事的人，因为害怕做出错误的决策，他干脆不做任何决策。因为惧怕生活，他不会像别人那样扎到充满欢笑和乐趣的现实生活中。如果他疏远别人，不去和他人分享自己的知识，最终他就会感到孤独和隔绝。不管是在什么领域、经什么途径，他靠着自己的知识和技术伤害他人达到了何种程度，他和其他人的生活联系就会降低到什么程度，他已经割裂了自己的灵魂。

  多年以前，流传过一个《迷离时空》（ *Twilight Zone* ）的故事，故事的主人公正是一个受阴影祭司能量影响的人。这个人喜欢阅读，认为自己的阅读能力冠绝群伦。对于别人的结交之求和知识分享之邀，他一概回绝。后来的一天，核子大战爆发了，这个人成了世界上唯一幸存的人。他没有被这一突然之变吓垮，反而感到有点儿兴奋，赶快向离他最近的图书馆奔去。到了图书馆后，他发现大楼已经被夷为平地，成千上万本书丢在地上。他怀着巨大的欣喜弯腰捡起一摞书，可是他的眼镜掉在了碎石

Part 2
男性心智解读——成熟男性气质的四个原型

上，镜片被摔得粉碎。

当我们发现自己抽离、隔膜，知道自己有能力帮助他人但选择袖手旁观时；当我们把自己的知识当成藐视和摆布他人的工具，或者让他人付出代价来作为我们提高地位和财富的工具时，我们就变成了阴影祭司中的操纵者这一角色。我们正在施行黑色魔法，正在摧毁我们自己以及其他原本可以从我们的智慧中受益的人。

阴影祭司的消极一极我们称为"天真者"或者"头号无邪"。头号无邪就是早熟男孩阴影的消极一极——天真傀儡，从童年时代进入成人阶段后的变体。被头号无邪能量"附体"的人，至少在受到社会认可的领域，希望拥有传统上属于祭司的权力和地位，但是他不想承担一个真正的祭司所应承担的责任。他不想传授，也不想分享。他不想仔细地、一步一步地教授别人，而这对任何人的成长和转变又都是不可或缺的。他不想成为一个神圣空间的守护人。他不想了解自己，当然也不想付出必要的艰苦努力以成为一个能熟练地以建设性的方式控制和导引力量的人。他只想学到恰好能够盖过别人，让别人付出的努力成为无用功的程度。当某人断言他隐藏的力量的动机是无辜的，他就是被

头号无邪这个阴影"附体"了。由于自己已经"太好了"，已经不必付出任何艰苦努力了，因此他们就只剩下力气阻碍别人，等着看别人落马这种"好事"发生。不像"百事通"骗子施展骗术部分还是为了揭露一些真相，这些头号无邪掩盖真相，只为了实现自身的目标和维护自身并不安稳的地位。不像"百事通"骗子是要对我们的自大虚夸给予必要的"缩水"，阴影祭司的两极，不管是操纵者还是头号无邪，却都是要有意对我们进行不必要的但却有害的攻击。

　　头号无邪的潜在动机是出于对那些行动者、生活者、分享者们的嫉妒。这样的人对生活心怀嫉妒，因此，他们害怕别人会发现他们缺乏生命能量，而把他们从摇摇欲坠的基座上抛下来。他的抽离和他让人"印象深刻"的行为，他贬低打击别人的评论，他面对质问时的敌意，甚至他积累的专业知识，全都是为了掩盖他内心真正的孤寂苍凉，隐藏他生命羸弱的真相以及对世界责任感的缺乏。

　　被头号无邪"附体"的人，既犯下了过犯的罪，也犯下了忽略的罪，但是他都把自己的敌意动机隐藏在由伪装的天真构成的铁墙之后。这样的人狡猾而惑众。他不让我们以武士能量与他进

Part 2
男性心智解读——成熟男性气质的四个原型

行开诚布公的交往,他避开我们与其正面接触的试探,让我们心态失去平衡,引诱我们陷入无止境的疑问中,不断质疑自身对他们的行为产生的直觉印象。如果我们对他的"无邪"提出疑问,他就会用一场令人困惑的泪水秀来回应我们,让我们对自己的诸多想法和判断陷入疑问之中。我们甚至会觉得自己是不是犯了"以小人之心度君子之腹"的错误,或许会为此羞愧,甚至觉得自己一定是患上了妄想症。但是我们摆脱不了已经被其控制的那种不舒服的感觉。而且,就因为这个感觉,我们甚至会感觉在"无邪"的烟幕之后,隐现着阴影祭司活跃一极的影子。

获得祭司能量

如果我们被操纵者"附体",那么我们就会陷入祭司能量阴影之中。如果我们感觉自己未能接触到祭司能量的全部,我们就可能困于这个阴影不诚实的、否定性的消极一极之下。在这种情况下,我们感受不到自己的内在结构,感觉不到自己的平静心情,无法冷静地思考。我们不会有内在的安全感,不敢信任自己的思

维过程。我们不能从自己的情绪和问题中摆脱出来。我们可能会经历内心的混乱，会在外界压力下变得脆弱不堪，并且在其指挥下团团乱转、任意东西。对别人，我们会采取一种消极性的侵略态度，还要宣称自己是真正的天真无邪，没有任何恶意。

作为一名咨询者和治疗师，最难做到的一件事情就是让自己的咨询或治疗对象把自我和他们的情绪分离开，同时又不让他们的情绪受到抑制。有一个很好的心理训练方法，能对此有所帮助：这个方法被称为聚焦，是由尤金·简德林（Eugene Gendlin）创立的。我们告诉我们的治疗对象，当他们感受到害怕、嫉妒、愤怒和绝望等强烈的情绪时，可以坐在一把"观察"椅上，当情绪起来时，想象着把它们摞起来放在屋子中央。每件"情绪"都仔细摞好。我们就坐着静观那些情绪。它们的颜色、形状以及各种情绪基调的细微差别。我们要求治疗对象看着这些情绪，不是要判断或者压制它们，而只是观察它们。"啊，你又来了！你原来是这个样子！"如果这些情绪是在屋子中，自我可以在这里看到它们，那它们就没有在被压抑着。那么，当情绪的力道过去后，我们就要求治疗对象把它们放逐掉。

Part 2
男性心智解读——成熟男性气质的四个原型

　　进行这个训练的目的就是帮助治疗对象强化他们和祭司能量之间的关系。负责观察和思考的就是我们内心的祭司原型，正是依靠这个能量的帮助，我们的自我才能把各种情绪规整地"摞好"。我们的情绪能量因此而得到控制，最终会失去它们的爆发力。最终，得到加强的自我也许就能够吸收这些情绪能量，并把它们转化成有用的、能够增益人生的自我表达形式。

　　还有另外一个训练也能够使年轻人得到祭司能量。有个年轻人几乎日夜都因为梦见龙卷风向他袭来而感到惊恐万状。巨大的黑色漏斗云照直向他袭来，而他只能蜷缩在童年居所后院的一棵大树下发抖。他不知道这个梦境意味着什么。在治疗过程中，他领悟到，自己的潜意识通过这些龙卷风的梦境，正在向他描述童年时压抑的愤怒。他的父母是酗酒者，因此他不得不负起支撑家庭、照顾父母的责任。不仅如此，他还反复受到了其中一个叔叔的性虐待。他童年时积攒下的愤怒是巨大的，现在通过梦境狂暴地发泄和展示出来。这些暴虐的感情风暴难以控制，在他内心的旷野中兴风作浪，摧毁了他的职业和个人生活。他感到非常沮丧。

因为这个年轻人有点像个艺术家，因此他的治疗师建议他把这个龙卷风画下来，他随后就画出了一张龙卷风位于铅屏蔽容器中的图画，因此他的愤怒在里边打转，就像电机里的线圈一样。接下来，他画了电线和变压器从容器中接出来，最后接到了路灯、房子和工厂里——这都是些需要电能的地方。

当他这么做的时候，生活开始发生变化了。他鼓起勇气辞掉了工作了。此前他一直希望能在一家儿童剧场工作，现在好像突然之间，这类工作机会就多了起来。童年时巨大而生猛的愤怒能量现在得到了控制，并且被导引到他现在生活的"街灯"和"厂房"中去了，成了他新的生活之路的发动机。他狂野而混乱的愤怒所表演的"黑魔术"，现在成了能够发电造福的"白魔术"，照亮了他的生活之路。

治疗师让他的治疗对象画这张图是为了让他能够全面地得到祭司能量，以控制和导引他被压抑的情绪。如果我们正在正确地获得祭司能量，我们就能为我们的职业和个人生活，添加一个新的、清晰的观察维度，一个对自己和他人的新的理解和反思维度；增加我们应对外部工作的技巧和处理内心心理力量的技巧。当我

Part 2
男性心智解读——成熟男性气质的四个原型

们运用祭司原型能量时,我们也需要用其他三种成熟男性原型模式来对其进行调节和配合。我们已经说过,这四种原型不能单独成事;我们要把祭司能量与国王对创造性和产出性的关注、武士的勇气和决断能力、诗人深刻而令人深信的联通能力,都有机地结合起来。这样我们就能为了众人的利益而运用好我们关于能量流的知识、控制能力和导引能力,对增益我们这个星球做出贡献。

chapter 08 诗人[1]

离印度孟买的海岸线不远处，在阿拉伯海的一个岛屿上，有个象岛石窟（Elephanta），即使从远处看，这也是一处壮丽的风景。这里有原始的"末日神庙"，因为印第安纳·琼斯（Indiana Jones）而出名。它们位于陡峭的山腰上，茂密的森林从山上一直绵延到水边。猴子在树下的灌木丛里疾跑，在树顶上打着秋千，嘴里发出低沉的咆哮或者细声的尖叫。

当你置身其中，这些庙宇洞穴就向你展现出忧郁而神秘的光辉。在这里，靠着数以百计闪烁着微光的蜡烛，我们看到在幽暗中耸立着一根石柱，这是从原地的巨型岩石雕刻出来的，象征着印度天神湿婆的巨大阴茎，他既是世界的创造者也是毁灭者。对信众来说，这个形象是如此孔武有力，如此充满勃勃生机，因此

---

[1] 译者注：原文 lover，虽然字面意义翻译为"情人"或"爱人"更准确，但"诗人"是一个更加贴切的意译。

Part 2
男性心智解读——成熟男性气质的四个原型

这座洞穴庙宇日日夜夜都挤满了数以千计的朝圣者，回荡着他们的歌声和称颂之声。在这个对男性神圣气质的形象化描绘面前，这些膜拜者完全陷入了心醉神迷之中，轻轻地说声"是的"，来表示他们发自内心的认同。

古希腊人有一个叫普利阿普斯（Priapus，掌管男性生殖）的神，他的阴茎如此巨大，以至于他必须把它放在他前面的独轮手推车上进行携带。埃及人满怀尊敬地把神奥西里斯（Osiris）描绘成节德柱的形象。日本人在传统的男根祭中，仍然会和巨大的人造男根跳舞，目的是唤醒大自然旺盛的创造力。

挺立的阴茎当然是性的象征，但它自身也是生命力的写照。对古代人来说，血液是精神、能量和灵魂的载体。当血液充盈使阴茎勃起时，就是把精神赋予了肉体，此时的生命力——往往是神圣的——正在进入物质和人生的世俗世界。人性和神性、上帝和世界结合的结果总是创造性和生命活力的诞生。从这个结合中，新的生命和新的形式、新的机遇和新的可能性的结合，都出现了。

爱有很多形式。古希腊人说到的神对人的自发之爱也就是《圣经》上说的"兄弟之爱"。他们说到厄洛斯（Eros，性爱）的时候，既指的是狭义上的生殖或两性之爱，又指代其作为所有事物

结合和联结纽带的广义之爱。罗马人说到爱神丘比特（Amor），是指一个身体和灵魂与另外一个身体和灵魂的完全结合。这些形式，以及其他所有形式的爱（包括各种各样的变化形式），都是人的生命中诗人能量的生动表达。

荣格心理学派学者经常用希腊的爱神厄洛斯的名字来讨论诗人能量。他们也经常用到拉丁名词力比多（Libido）。通过这些名词，他们不仅指代性欲，也指代对生活的一般欲望。

我们相信，不管以什么名头来表示，诗人能量都代表着最原初的能量模式，我们可以称之为生动、活力和热情。这种原型能量与我们这个物种对性、食物、幸福、繁殖、对艰难生活创造性的适应及对意义无止境的寻找等伟大的原始渴望同生共长。没有这种诗人能量，我们人类就不能延续自己的生命。诗人能量的动机就是要满足这些渴望。

诗人原型是人类心智的基础，也是因为这是一种对于外部世界的敏感性力量，它表达了荣格所说的"感知功能"。这种心智功能通过感官体验的所有细节得到训练，它能注意到颜色、形状、声音、触觉和气味。当对外界的感觉印象做出回应时，诗人原型也能注意到内部心理世界的变化脉络。我们很容易就能看出来，

Part 2
男性心智解读——成熟男性气质的四个原型

这种能量对我们那些类似啮齿类的远古祖先们，在危险的世界中争取生存时，所具有的潜在价值。

我们先不谈原始环境，在今天的世界上，诗人能量如何表现呢？他是如何帮助我们人类生存下来并繁荣兴旺的？诗人原型的特征又有哪些？

完整形态的诗人原型

诗人是一个钟情于游戏和"展示"的原型，是一个展现健康的原型，是一个沉浸于感官的快乐、不为自己的身体感到羞耻的原型。因此，诗人是非常耽于感官享受的——对物质世界的精彩景象有着强烈的感觉和敏感性，他和这些物质世界的精彩景象紧密地联系着，由于自身的敏感性而被吸引到这些事物的周围。他的敏感性让他觉得自己与这些事物的联系情意相通、声气相求。对于接通了诗人能量的人来说，所有的事物都以神秘的方式联系在一起。他们看待世界的方式，我们可以用一句话总结，就是"一沙一世界"。这种意识早就在全息摄影技术发明之前诞生了，这

种意识的含义是，我们其实生活在一个全息的宇宙中，在这个世界，我们的每一个部分都会马上联动反应其他所有部分的动态。不只是诗人能量把世界看成一粒沙子，他觉得世界本就如此。

一位年轻的男孩在他父母的坚持下，来接受心理治疗，因为他的父母认为，这个孩子很"怪"。他们说，他有太多的时间是自己独处。当这个孩子被问到他的这些怪状时，他报告说，他要在森林里面走很长的路，然后才能发现一个与世隔绝的地方。他会坐在地上，看蚂蚁和其他昆虫曲曲折折地沿着青草的叶片、落叶以及林地上的其他微小的植物爬行。每当此时，他说，他就会觉得人的世界也就像这些蚂蚁的世界一样。他会想像自己就是这样一只蚂蚁，当蚂蚁越过卵石爬行（对他来说，那是块巨大的山岩）或者在趴在树叶的边缘晃动时，他的感觉异常清晰。

也许更值得注意的是，这个男孩所说的，他可以体会紧附在树皮之上的树衣的感受，也可以感受依生于倒在地上的树清凉而潮湿的青苔感觉。他体验了整个动物世界的饥饿、快乐、痛苦和满足。

在我们看来，这个男孩以强有力的方式获得了诗人能量。他，出于本能地，与他周围的世界产生共鸣。也许正如他所坚信的，他真的感觉到了那种实际体验。

Part 2
男性心智解读——成熟男性气质的四个原型

爱人(双子座,Mithuna)[印度:中央邦,卡朱拉侯(Khajuraho)风格,公元 11 世纪,感谢克利夫兰艺术博物馆(Cleveland Museum of Art)、伦纳德 C.汉娜基金(Leonard C. Hanna, Jr. Fund)的支持,CMA 82.64。]

我们相信获得了诗人能量的人会向"集体无意识"敞开心扉，而且其程度可能还会比荣格所预料的更高。荣格提出的集体无意识是指人类作为一个物种的"无意识"，正如荣格所言，曾经生活过的所有人类成员都包括在内，其生命历程中所发生过的事件的无意识记忆都囊括其中。但是，荣格又提出疑问，如果说集体无意识是无边无际的，那为什么又会在此驻留呢？假使集体无意识巨大到足以包括所有有生命的东西的感触和知觉，那又会发生什么样的情况？也许，就像现在一些科学家所宣称的，即使在植物中也包含着所谓的"原发性意识"。

这种万物有灵的观点也反映在《星球大战》系列影片的欧比旺·肯诺比身上，他对整个银河系都感到念兹在兹、情意相通，对"原力"的任何一点微妙的变化都能体会到。东方哲学家说过，我们都是辽阔汪洋上的一朵浪花。对这种潜在的浪花与海洋的联系，诗人能量能够即时、私密地体会到。

伴随着对所有内外事物的敏感性，热情在它身上应运而生。诗人所具有的连通性特质，不只体现在理智上，同样体现在感受上。原始的渴望在我们每个人的身上都有着强烈体现，至少是隐

Part 2
男性心智解读——成熟男性气质的四个原型

藏在外表之下。但是诗人对此的感受最真切。接近无意识就意味着接近"火"——生命之火,而且在生物学意义上,还意味着供养生命的新陈代谢之火。我们都知道,爱是"火一样炽热"的,经常还"热得烫人"。

在诗人能量影响下的人,喜欢接触人,也喜欢被人接触。他希望在情感上和实体上接触一切事情,也想被所有的事情所触动。他认识不到界限。他希望通过自身强烈的情感,体现出内心世界体会到的这种连通性;希望通过与他人的关系,展现出与外部世界的连通性。从根本上说,他想要用全部的感官来感受这个世界。

他具有一种所谓的审美意识,无论什么事,他都能从审美的角度来感受。对他来说,整个生活就是艺术,总是能巧妙地唤起他细致入微的情绪。卡拉哈利沙漠里的游牧民族就是些受到诗人能量影响的人,他们能和周边环境中的所有事物达成美学上的和谐。他们在自己荒凉的世界中看到了五彩缤纷,那些光线和阴影的丰富色调,在我们眼里就只是单调的棕色或者黑色而已。

诗人能量,从恋母男孩发展而来,也是人的精神的源泉——尤其是我们说的神秘主义气质,更是由此生发出来的。按照世界

上所有宗教都暗含或者外显的神秘主义的传统，获得了诗人能量的神秘主义者凭直觉把握了世界终极上的一体性，就是趁它还寄寓在我们有限的肉身的当下，积极寻求通过日常生活去感悟它。

还是这个想象自己可能是只蚂蚁的孩子，也报告了他某年夏天在基督教青年会的夏令营时的某些时刻所产生的一种奇怪感觉。从他的叙述中，我们可以看到可以视为神秘体验开端的某些东西。每周一次，营员们会在深夜中从床上被喊起来，在漆黑的夜色中，沿着阴暗的林间小道跋涉一段时间，然后到达密林深处一块清出来的空场地。在这里，他们会观看到美洲原住民歌曲和舞蹈的重新演绎。这个男孩老是提到，当他走出营帐，跟在其他人后面顺着蜿蜒的小路往前走时，他几乎有种难以控制的冲动，想要对着黑暗的夜空张开双臂，一头飞进去，感觉身边的树木枝杈扫过他的"精神躯体"，但一点也感觉不到疼痛，只有喜悦。他说感觉自己很想和这黑暗的未知合二为一；想与这个看起来不乏威胁，却又让人感到一种奇怪的安全感的暗夜森林，合二为一。这种奇怪的感觉，恰恰和世上的宗教神秘主义者所描述的，当谈到他们想与神秘合二为一的冲动时，所产生的感受类似。

Part 2
男性心智解读——成熟男性气质的四个原型

  对于得到了诗人能量的人来说，最终生活中的每件事情都是这样感受到的。他感受到了世界给予的痛苦和辛酸，但也感受到了生活的莫大欢乐。在生活的所有感官体验中，他都能感觉到欢乐和欣喜。比如，他可能知道，当打开雪茄盒，马上就会嗅到异国烟草的芳香。他可能对音乐也很敏感，对印度希塔尔琴奇特的弹奏方法，对交响乐的宏富表现力，对阿拉伯泥鼓富有美感的铛铛声，都有很高的鉴赏力。

  写作对他而言算是一种诉诸美感的体验。当我们问许多作者，为什么当他们坐在自己的打字机前写作时必须喷云吐雾，他们经常回答说，吸烟让他们放松，打开了他们对印象、感觉、言语之间微妙差别的辨别力。这么做的时候，他们有一种与"世界""大地"深刻相连的感觉。自己的内心世界和外部世界成了圆融合一的整体，这样他们就可以打开创作之门。

  语言——词语和不同的声调微妙的含义——通过诗人用情感进行诠释和丰富，就更加容易被理解。别人学习语言可能采用机械的方式，但是获得了诗人能量的人，能通过感受语言来学习语言。

甚至对于高度抽象的思想，比如哲学、神学或者科学，也需要通过感觉来把握。20 世纪伟大的哲学家和数学家怀德海（Alfred North Whitehead）在他的著作中清楚地阐明了这一点，技术的方法直截了当，但当诉诸感觉时感受更深，加入感官体验就更强烈了。一位高等数学的教授报告说，正如怀德海说的那样，自己能够感觉到"四维空间"的样子。

深刻受到诗人能量影响的人会通过他的审美意识来感受他的工作，以及一起工作的同事。他会把人当做一本书来"阅读"。对他人的心境变化他经常异乎寻常地敏感，能够看清他人隐藏的内心动机。这的确是一种很痛苦的经历。

诗人不只是生活中快乐的原型。因为他所具有的感知他人、感知世界的能力，因此他一定也能感受到他们的痛苦。其他人可能会回避痛苦，但是和诗人能量相接触的人必须忍受痛苦。他感受到了活在世上的痛苦，而且既为自己痛苦又为他人痛苦。

我们都知道爱能带来痛苦和欢乐。我们深刻而坚定地认识到这一点，因为这是基于诗人原型的。保罗在他著名的、宣示真爱品质的《爱的礼赞》（Hymn to Love）中说到，"爱包容一切"

Part 2
男性心智解读——成熟男性气质的四个原型

和"忍耐一切"。爱的确如此。而中世纪晚期欧洲的行吟诗人经常高唱高雅的"爱的痛苦",不过是爱的能量中不可避免的部分。

在诗人原型影响下的人,不想在社会设定的界限前停下来,他反对这些不自然的事情,因此他的生活往往是非常规的、"混乱"的——艺术家的工作室、富于创造性的学者的书房、"说干就干"式老板的办公桌,全都是如此。结果可想而知,因为从广义上讲,他反对"规则",所以我们可以看到在他的生活中会面临那些传统的、由来已久的紧张关系,如情欲和道德、爱与义务,以及像约瑟夫·坎贝尔(Joseph Campbell)所诗意描述的,代表着热情体验的"爱玛"(amor)和代表着义务责任以及法律和秩序的"罗马"(Roma)之间的冲突。

至少在看第一眼时,诗人能量与其他几种成熟男性气质的能量是完全相反的。他的兴趣点和武士、祭司以及国王正相反,其他这些能量更关注界限、控制、命令和纪律。这些对每个人的心智都成立的真理,在人类历史文化的全景图中也能得到证明。

文化背景

从宗教的历史以及由此衍生的文化中，我们可以看到诗人诗人和其他成熟男性原型之间紧张的关系形态。基督教、犹太教和伊斯兰教，都以道德、伦理和宗教的名义对诗人进行迫害。基督教反复教诲人们，作为诗人献身、挚爱对象的尘世是邪恶的，撒旦是这个世界的主人，也是情欲之乐（其中居于首位的就是性爱）的源泉，基督徒一定要对此退避三舍。教堂往往站在艺术家、创新者、创造者的对立面。在后罗马时代，当教堂一开始获得权力，他们最先做的事情之一就是关闭剧院。不久之后，他们又查封妓院，禁止色情艺术的展示。诗人的空间被剥夺了，至少是情爱表达被禁止了。

按照古代希伯来人的做法，教堂也对通灵者和女巫进行迫害，这些人是艺术家们的同路人，也是其他一些在无意识中钟情于形象创作者，也就是诗人的同路人。教堂烧死女巫有以下这样一个理由。就教堂而言，其中的一些女巫，不仅仅是通灵者（指其对

Part 2
男性心智解读——成熟男性气质的四个原型

来自内心世界的细微感觉的反应非常敏感，能够凭着直觉来把握），而且也是自然界的敬拜者。因为教堂给自然世界打上了罪恶的标签，因此教堂认为这些女巫是撒旦的敬拜者，是诗人。

直到今天，很多基督教徒仍然对《圣经》中一部真正带有色情味的书卷感到震惊，那就是《所罗门之歌》（the Song of Solomon）。这是一组关于情爱的诗歌（根据古代迦南人的生育仪式写成），而且即使做最善意的解读，这也是一部情爱作品。它描写了男人和女人之间肉体的和精神的性爱。那些道学的基督徒们只好把这首《所罗门之歌》解释成有关"基督徒对教会的爱"的寓言，才能勉强接受它。

各种原型都不可能被摒弃或者人为地消除，诗人原型通过有关"谦恭而驯良、仁慈的耶稣"的浪漫而伤感的绘画，通过赞美诗，以基督教神秘主义的形式潜回了基督教中。如果我们想想"在花园中"（In the Garden）"爱让我振奋"（Love Lifted Me）以及"耶稣，我灵魂的爱人"（Jesus, Lover of My Soul）之类的赞美诗所蕴含的性爱的底色，我们就会发现诗人已经以他不可抑制的热情给这个本来禁欲、道学的宗教打上了深深的烙印。

圣父和圣子之间的爱基于三位一体的教义，经常近乎被描

述为基于性欲的。而关于道成肉身的信条，本身宣扬了上帝"历史性"地让一个妇女受孕，并且通过他们的结合，上帝实现了和全人类永久而亲密的结合。这是诗人能量在基督教神秘体验和神学思想中的出现，暗示了教堂对物质世界矛盾的然而依然神圣的观点。

但尽管如此，总体上基督教堂仍然对诗人持敌对态度。在犹太教中，情况则稍微好一些。在正统犹太教中，诗人能量投射在妇女身上，仍然受到轻视。传统的犹太教祈祷书仍然包括一些句子像"大恩，耶和华我们的神，宇宙的国王，别叫我做一个女人"（Blessed art thou, Lord our God, King of the universe, who hast not made me a woman）。而且在犹太教中，还有这样的故事流传着，夏娃是第一个有罪的人。这种对女人的中伤，其实就反映了对与女人联系着的诗人的一种反对态度，为犹太教（随后是基督教和伊斯兰教）对女人的否定性评价的教义打下了基础，即把女人视为"勾引者"，会让虔诚的男人从对"神圣性"的追求上分心。

在伊斯兰教的教义中，女人受到了众所周知的贬低和压迫。伊斯兰教是属于武士能量的苦行主义宗教。但即使在这里，诗人能量也没有被完全驱逐掉。穆斯林死后的天堂就像是诗人的领地

Part 2
男性心智解读——成熟男性气质的四个原型

一样。在这里所有的穆斯林圣徒在自己的世俗生活中所抛弃和压抑的欲望都以流水席的形式恢复了，而且在满足饕餮之欲时，还有漂亮的女人，就是所谓的"天国美女"相陪。

印度教与此不同。它与西方宗教不同，不是一个道德的或者伦理的宗教。它的精神性更加趋于审美化和神秘化。同时，印度教赞美万物一体（归于梵，即 Brahman），以及人与上帝的融为一体（阿特曼，印度梵文中有灵魂之意），并享受于形式世界，欣喜于感官王国。

印度教信徒有很多男神和女神供奉，很多都带着异国情调的长相和肤色、半人半兽、植物甚至石头，可谓各种各样，这些都是一元神多姿多彩的侧面之一，体现着丰富的感官享受形式，站在其后的一元神把无尽的爱和热情倾注到他们身上。印度教弘扬了诗人能量情色的一面，并通过神圣的爱情诗篇［例如印度《爱经》（Kama Sutra）］以及某些激发情欲的寺院雕塑，在尘世进行了神化的体现。如果你认为国王/武士/祭司这些原型和诗人是根本对立的，那么到格那勒克（Konarak）的印度教神庙去看一看，你的印象就会改观。在格那勒克神庙，男神女神、男人女人，都摆出了令人眼花缭乱的、各种你能想象得出的性爱姿势，都陷入

了互相之间以及与宇宙和神祇交合的入迷和狂喜之中。

有一个三十出头的年轻人，感觉到不管是工作还是个人生活都枯燥乏味、令人窒息，于是前来接受精神分析。他是一名会计，但是对整天加加减减的工作感到越来越没兴趣。他感觉自己被一些行为规范的条条框框给圈住了，而对此类"照本宣科"的工作而言，这些规范确乎是题中应有之意。他这样描述自己的工作。他说，感觉自己和"泥水淋漓的真实生活"隔绝开了。很明显，他和自己内心的诗人能量脱节了。

后来他做了一个梦，自己称之为"印度女孩之梦"。在梦中，他发现自己来到了印度，一个他之前想也想不到的地方。他正穿过一处鼠满为患的贫民窟。首先让他深受触动的是那里的颜色——蓝色、橙色、白色、红色和栗色。然后是气味——一种异国情调的香料和香水味伴随着人的粪尿和烂白菜的臭味。他爬上了一座两层公寓楼的摇摇晃晃的楼梯，在这里，他看到了一位很肮脏，但是又漂亮得光彩四射的忧郁女孩，衣着褴褛。他们在地上一块又脏又破的毯子上滚在一起。

当他醒来后，他感到兴奋而振作，体会到了从未有过的快乐。他把自己的感觉描述为一种"灵性"。在这段梦境里，他感到了

Part 2
男性心智解读——成熟男性气质的四个原型

"神"以一位异国的、给人感官快乐的"生命"的形式降临,他享受了与她持续做爱的快乐。这对他是一种开示,他从此开始接通了成熟男性的诗人能量,这对他自己和他的性伴侣都功莫大焉。

生活的哪些方面能最清晰地显示诗人能量呢?有两个主要方面——艺术家(广义的定义)和通灵者。画家、音乐家、诗人、雕塑家和作家经常"沉溺于"诗人能量中。艺术家们是出了名的敏感和感性。要理解这一点,你只须看看高更(Gauguin)那些色泽明亮的油画人物,专属于印象派画家的闪烁颜色,戈雅(Goya)的裸体油画,以及亨利·摩尔(Henry Moore)的雕塑;只须听听马勒(Mahler)交响乐中喜怒无常的神秘主义,广岛舞团(Hiroshima)"酷酷"的爵士舞或者华莱士·史蒂文斯(Wallace Stevens)悦耳动听、婉转起伏的诗作。说起来也许有些成见的成分,艺术家的生活总是风雨交加、凌乱复杂,充满着跌宕起伏,婚姻失败和药物滥用都司空见惯。他们的生活非常接近创造性无意识的火热力量。

同样的,一个真正的通灵者也是生活在一个感觉和"震动"的世界中,以深刻的直觉感知世界。和艺术家一样,他们的自觉

意识，也向别人的思想和感觉入侵，并向集体无意识的朦胧王国敞开大门。他们看起来就像行走于白昼的常识世界之下的另外一个世界。他们能从这个隐秘的世界里，以几乎听不得到的语句，接受到迸发的强烈感觉、不明究竟的气味、其他人难以感知到的冷热、令人惊骇或者惊艳的图像以及他人一举一动的蛛丝马迹。他们甚至能够接受到来自未来的感受。那些能够成功地"读"出扑克牌的点数、能够"读"茶叶、"读"掌纹的人，都是获得了诗人能量的人，他们能够把隐藏在事物表面之下的东西结合起来，甚至能够把未来和现在结合起来。

那些有"预感"的商人也是接收了诗人能量的人。当我们对其他人、某种局面或者我们的未来产生预感和直觉的时候，我们也就是接收了诗人能量。在那样的时刻，事物潜在的联系呈现在我们眼前。即使是以一种尘世的方式，我们也被卷入诗人的能量中，这能把我们和那些平常意识不到的现实情况联系起来。

在几乎每个专业中，任何艺术性或者创造性的尝试，从农业到股票经济，从粉刷房子到计算机软件设计，都会从诗人能量中吸收创造性的养分。

Part 2
男性心智解读——成熟男性气质的四个原型

鉴赏家们也是如此，这些人真正知道如何欣赏美食、红酒、烟草、古币、古旧器物和其他各式各样的物质对象。所谓的玩家们也是如此。蒸汽机车爱好者对这些庞大的、黑亮亮的"阳物"，有一种出于感官的、甚至基于本能欲望的喜爱；汽车爱好者可能只喜欢对胃口的克尔维特（Corvette）车型；二手车评估人可能喜欢汽车的触感和气味，愿意在锈迹和污渍斑斑的车辆内饰之下，体会车辆的美和缺憾；某一文学门类或者摇滚乐团的粉丝们可能"独为卿狂"：他们都是深受诗人能量影响的人。香浓咖啡或者烟草的鉴赏人以及中国明代花瓶的珍藏者都会手把宝物细细品玩，这就是诗人能量正在通过人们的行为表达自身。当一个牧师布道时，为了活跃气氛而运用图像和故事时，这就像美国原住民说的那样，他们不止是用头脑，而是在同时用心灵进行思考，他就正处在与诗人能量的连接中。诗人正在借着牧师的布道之机向世人歌唱。我们所有人，当放下工作什么也不干，把所有压力抛到一边，"就是停下来嗅嗅玫瑰花的芳香"，我们就正在感受着诗人能量。

当然，我们能够感到诗人能量强烈地存在于我们的爱情生活

里。在我们的文化中，这是我们绝大多数人所拥有的与诗人能量联系的主要通道。准确地说，这种"坠入情网"的幸福战栗就是许多男人生活下去的主要动力，这就意味着对诗人能量的接收。在这种狂喜的意识中，我们中那些甚至最"曾经沧海"的人也很难不为之所动。我们因自己心爱的人而感到快乐，珍爱其身体和心灵全部的美好。我们在心灵和肉体两方面与自己心爱的人结合，我们被接引到一个令人喜悦迷醉的神圣世界。另一方面，这也会给我们带来爱的悲伤和疼痛。我们像那些行吟诗人一样大声宣称："我领悟到爱的疼痛！"整个世界在我们的眼里和心里，都变得与以往不同——更加生动鲜明、更加生机勃勃、更加富有意义——无论是好的还是坏的。这都是诗人能量的参化之功。

在我们进入对诗人能量阴影的讨论之前，我们想提一下一夫一妻制还是一妻多夫/一夫多妻制和群婚制这个老问题。一夫一妻制从"爱情"的概念引申出来，它要求一男一女互相把自己的肉体和灵魂只付与对方。在神话世界的爱情故事中，古埃及神祇欧西里斯（Osiris）和他的妻子伊西丝（Isis），迦南人的神巴尔和他的妻子雅纳特（Anath）都是这样。

Part 2
男性心智解读——成熟男性气质的四个原型

在印度神话中，湿婆神和帕瓦蒂（Parvati）之间的爱情之火永不熄灭。在《圣经》中，我们看到了耶和华对以色列，他的"新娘"矢志不渝的爱恋。至少在西方，一夫一妻制仍然是我们的理想。但是诗人能量的表现形式也还包括着多配偶制、系列的一夫一妻制或群婚制。在神话故事中，这表现在印度的克利须那神对挤奶女工戈皮的爱。对她们中的每个人，他都全身心地去爱，他的爱的能力无穷无尽，因此她们每个人都感到自己独特而有价值。在希腊神话中，宙斯在神界和凡间也有很多爱慕对象。在人类历史上，在国王的后宫中就呈现了诗人能量的这种形态。用一夫一妻制的观点看，这种后宫里佳丽成群的景象令人骇然，同时又不免让人着迷和神往。埃及法老拉美西斯二世（Ramses II）据说有一百多位妻子，就更不用说难以计数的妃嫔了。《圣经》中的大卫王和所罗门王宏大的后宫内也是珠绕翠围。我们在影片《国王和我》（*The King and I*）中也能看到，暹罗王也是如此。直到今天，一些富有的伊斯兰教徒仍然能娶很多妻妾。在这样形形色色的社会安排中，我们都能看到诗人能量的影子。

阴影诗人：沉溺的诗人和无能的诗人

生活在诗人能量阴影两极的人也和生活在其他男性气质阴影形态两极的人一样，是被这种原型以不幸的方式支配了。而如果方法得当，这种能量本可以成为其生命活力和幸福之源。可是，在这种阴影诗人能量的支配下，他和他周围的人就会因此受到破坏性影响。

对一个陷于沉溺的诗人这一极的男人而言，一个非常紧迫而有冲击力的问题就是："在这样一个广阔而丰富、蕴含着无限乐趣的世界上，我为什么要给自己的感官体验和性爱体验设置界限呢？"

沉溺的诗人能量是如何控制住一个男人的呢？沉溺的诗人这种阴影能量给人最主要、最深刻烦扰的特质就是它的迷惘性，它有着多种多样的表现。一个被阴影诗人能量所困的人，不夸张地说，就是迷失在感觉的海洋中，他不止是对落日伤怀，也不仅是

Part 2
男性心智解读——成熟男性气质的四个原型

沉迷于幻想世界。就算来自外部世界最微小的触动，也会让他六神无主。暗夜中火车的汽笛声，会让他坠入孤独；办公室里的几句吵嘴，会让他情绪失常；街上邂逅的女人说几句甜言蜜语，就会让他找不到方向。总是被外来的力量拉得里倒外斜，他根本就不算是自我命运的主人。他成了自己敏感情绪的牺牲品，大千世界的目之所视、耳之所闻、舌之所尝、身之所触，都让他陷于其中不能自拔。这让我们想起了画家梵高（Van Gogh）。涂料和画布，还有他自己所描画出的力道遒劲、光亮夺目的星群，让他自己彻底迷失其间。

这里有一个患者的案例。他敏感到了极点，在晚上不能容忍屋子里有一丝光线。而且毫不夸张地说，隔壁人家的噪音也快让他疯掉了。同时，他又是一个极有才气、充满希望的作曲家。旋律和歌词从他的脑海中汩汩涌出，不可遏制。他几乎都能听到真切的声音。为了能够勉强把自己生活保持在最低程度的"结构"中，他给自己写了几百条备忘录，遍布于房间的各个位置，镜子上、床上、咖啡桌上、门框上，哪里都有。在迷乱中，他从一张纸条奔向另一张纸条，想在狂乱中完成自己的每一项任务。他的生活被过份的敏感搅成了一团粥，他迷失在自己的感觉里。

唐璜（感谢贝特曼档案馆提供支持。）

Part 2
男性心智解读——成熟男性气质的四个原型

还有一个案例,这个人正在夜校里学习希伯来文。因为沉溺于阴影诗人的能量中,他在学习语言的过程中有种活色生香的感觉。喜欢每一个奇特的字符,能深刻欣赏每个字词不同的声音以及相互之间的细微差别。最后,他感觉完全沉醉其中,竟然到了难以继续学下去的地步。他走入到这些字词的世界中去了,彼此难以区分,这让他难以进行必要的记忆。他失去了哪怕再多学会一个单词的能力。虽然开始时,他在班级中是最好的学生,但很快就滑落到了末席。不是他掌握和控制了这门语言,而是他被语言掌控了。他沉溺于希伯来语,成了自己所感受到的语言趣味的牺牲品。他失去了自我。

有一个人喜欢老爷车,但这项爱好超出了他的收入水平。他对此喜欢得欲罢不能——因为"沉溺"于它们亮闪闪的美丽,他没有注意到自己就快要揭不开锅了,直到有一天这个"严酷的现实"叩响了他的门,他才发现自己已经破产了。于是他不得不卖掉这些心爱之物,以便能继续生活下去。

还有一个艺术家的故事,他拿了妻子准备为两个孩子买奶粉的家里最后一点钱,买了润滑脂铅笔和蜡笔,以便完成自己的艺术作品。他不是不爱自己的妻子和孩子,但是他说,感到有一种

压倒一切的强迫感，必须把自己的艺术冲动表现出来。他迷失在自己的感觉里，最终，也失去了家庭。

有很多关于那些所谓的成瘾人格的故事——这些人无法停止吃、喝、抽烟或者使用毒品。有个年轻人是个重度烟民，医生警告他必须戒烟，否则就要得肺癌（他已经显示出了前兆）。虽然他想活下去，可他还是戒不了；他对烟草带来的这种感官享受太迷恋了，彻底迷失在烟草带来的化学的和情感的双重迷恋中。他最终死了，但临死也没有戒掉吸烟。

这种沉溺感还有这样一种表现，它让我们只是为了一刹那的快乐，而甘愿落入一张动弹不得、难以逃脱的网中。这就是神学家雷茵霍尔德·尼布尔（Reinhold Niebuhr）所论述的"感官享受之罪"。印度教把这称为玛雅（Maya）——幻觉的舞蹈，这种令人陶醉沉溺、心荡神迷的舞蹈能让我们陷在快乐与痛苦的循环里欲罢不能。

当被爱的火焰笼罩时，被渴望的痛苦和狂喜轮番煎熬时，会发生什么情况？是不是你就没法金蝉脱壳，没法抽身向后，没法采取行动了？的确是这样。就像我们常说的那样，我们难以"醒悟"。我们难以和自己的感觉拉开距离，并保持一定的抽离感。

Part 2
男性心智解读——成熟男性气质的四个原型

有许多人因为难以从毁灭性的婚姻和男女关系中抽身而出,结果遭受了香消玉殒的厄运。每当你感觉自己被缠进一段欲罢不能的情事时,你一定要认识到,你有很大可能会成为阴影诗人能量的牺牲品。

作为阴影诗人能量活跃一极的牺牲品,不管是迷失于内心世界,还是迷失于外部世界,他们都注定永远不得安宁。这样的人始终在寻寻觅觅,但他不知道自己到底在找什么。他就是西部片快结束时,那个单骑独行的牛仔,孤独奔向日落之地,只想进行新的冒险,寻找新的精彩,而不愿就此安顿下来。他们有一颗永不满足的饥渴之心,总是希望到山那边去经历一些虚无缥缈的事情。他情不自禁地要去推进生活的疆界,不是在知识方面(知识会让他们解脱出来),而是在感官享受方面。不管对于一个凡人来说这意味着什么,反正就是要追求快乐,大多数凡人也都是这么做的。007系列的詹姆斯·邦德(James Bond)和《夺宝奇兵》中的印第安纳·琼斯都是这样的人,他们爱上、分手、再爱上、再分手。

在这里我们又看到了唐璜综合征,也再次接触到一夫一妻制/群婚制的问题。一夫一妻制(虽然未必采取一种单一的形

式），可以被视为一个男人自身深刻的根源意识和中心意识的产物。他不是被外界的规则所限制，而是被自己内心的结构，被他对男性气质应该有什么样的福利和安宁的认知，被他自己内心对欢喜的定义，所影响着。而那些在强迫心理的驱使下，不停地在女人之间转来转去的男人，其实是因为他们内在的坚定结构没有建立起来。因为他自己的内心是断裂的，没有主心骨，所以他任由自认为存在于外部的虚幻的整体性来左右和占领自己，而这种虚幻的整体性不过是由各色形式上女性和感官体验拼凑而成的。

对于这些沉溺的诗人来说，这个世界展现自己的方式，就是用失去了整体性的各种碎片来撩拨人。因为被前景中的碎片遮蔽了，因此他就难以看到世界潜在的真实背景。就像印度教徒说的，沉浸在目不暇接的"无数的形式"之中，他就无从发现能为他带来平静和稳定感的唯一性。如果只能在玻璃棱柱有限的几个面上生活，他就只能从那些令人眼花缭乱但又支离破碎的彩虹色中感知什么是光。

对古代宗教所说的偶像崇拜，我们也可以用另外一种方法来讨论。这种沉溺的诗人能量不自觉地把自我体验的有限碎片投入

Part 2
男性心智解读——成熟男性气质的四个原型

到了统一性的力量之中，而后者可能是他永远体会不到的。这再一次在收集色情文学作品的有趣现象中表现出来。处于沉溺的诗人破碎能量之下的男人经常会收集女人的裸体画片，然后对其进行分类，分类标签有"胸""腿"等。然后，他会把带"胸"的画片都摆开，津津有味地进行比较赏玩。"腿"和其他女性身体部位的画片，他也会如此折腾一番。他们会惊奇于这些部位的美丽，但是他们不会把女人当做一个整体从身体和情感两个方面来体验，当然更不会把她当做灵与肉的结合体，一个能够与之建立亲密人际关系的完整的人来看待。

这种偶像崇拜会发生无意识的膨胀，因为处于这种心境下的世人会以无穷无尽的感官画面，来想象上帝的存在，因为正是上帝造就了这些五光十色的图像，他也因自己创造的这一整体和这些碎片而感到快乐。这个为沉溺的诗人能量所困的人，在无意识中把自己等同于上帝的爱人。

一个人在沉溺的诗人魔力影响之下所表现出来的坐立不安，表明他正试图想办法逃脱这个蜘蛛网。被玛雅的罗网罩住的人会发狂地东奔西突，竭尽全力想找到从这个世界突围之路。"让世界停止转动。我想逃离！"但是，他最终没能利用这一线生机逃

离，折腾的结果只是加深了自己的窘况。这就像在河底的流沙中扑腾，越扑腾，陷得越深。

他臆想中的逃脱之路反而是深陷之路，因此才会出现这样缘木求鱼的情况。沉溺的诗人追寻的（虽然他自己茫然不知）是终极而持续的"性高潮"，是终极而持续的"嗨起来"。这就是为什么他要纵马从一个村庄奔向另一个村庄，从一次冒险奔向另一次冒险，从一个女人奔向另一个女人。每次当他的女人显露出她的尘世烟火气、她的有限性以及她的缺点和局限，那么这一次寻找高潮之梦就又破碎了。换句话说，当与这个女人（世界、上帝）完美结合的兴奋遐想变得黯淡之后，他就会滚鞍上马去寻找新的惊喜。他的男性喜悦必须找到一个"固着物"，他也真的会这样做，只是他不知道在哪里能真正找到"她"。最终，他只好在可卡因里才能找到他的"灵性"。

心理学家将男人因为受困于沉溺的诗人能量而出现的这些问题，称之为"界限问题"。因为对于这样的人来说，行为似乎不存在界限。正如我们曾经说过的，诗人不想受到界限的制约。受困于这种能量时，界限让我们难以忍受。

被沉溺的诗人能量"附体"的人，的确是一个被无意识所控

Part 2
男性心智解读——成熟男性气质的四个原型

制的人，既受控于他自己的无意识也受控于集体无意识。无意识就像大海一样淹没了他。有一个人经常会梦到不停地跑过芝加哥的街道，藏在摩天大楼之后，躲避从密歇根湖涌来的巨大的、数英里高的巨浪。巨浪正向陆地扑来，气势汹汹，看样子要把威利斯大厦（Sear's Tower）吞没。他夜夜睡不安稳，不只被这个梦困扰，还被"洪流"一般的各种梦境困扰。这说明，在有意识的自我和威力强大的无意识力量之间，他没有足够的界限。

无意识像来自湖里的巨浪一样向他袭来的事实（回忆一下祭司的弟子！）和《圣经》里把无意识视为混乱的"深渊"以及古代创世纪神话中汪洋的普遍形象非常一致。正是在这样的"深渊"和原始汪洋中，男性世界的架构得以浮现。正如我们已经看到的，无意识这个混沌的海洋在很多神话中都是以母性的形象出现的。她就是一个伟大母亲，而混沌海洋这样的具象，体现了男婴与她合为一体时，所感受到的幽闭恐惧症。这个梦到巨浪的男孩，实际上就是被自己因为没有解决好与伟大母亲的关系问题而面临的巨大力量给威胁了。他需要做的是，在女性的无意识之外，培育好自己的男性自我结构。他必须返回到男性气质发育的英雄阶段，屠掉与自己的凡人母亲和伟大母亲——"上帝、万物之母

（All-Mother）、万能的神（Mighty）"——联系过于亲近的这条恶龙。

而这恰恰是沉溺的诗人能量会阻挡我们去做的事情，因为它正站在界限的对立面。但是一个需要通过英勇努力而建构起来的界限，正是一个困于沉溺的诗人能量的人最迫切需要的。他不需要与太多的事情达到圆融合一，这方面他已经实现了很多。他需要的是距离感和超脱感。

因此，我们能够看到，沉溺的诗人作为阴影诗人能量之一，从童年时代到成人时代，都起到了让奶嘴男更加紧抓母亲的作用。处于沉溺的诗人能量控制下的男人，依然是妈妈怀中的宝贝，虽然他也在尝试着挣脱。在电影《三岛由纪夫别传》（*Mishima*）中有一个令人陶醉的场景，年轻的三岛由纪夫对金庙（在无意识中象征着伟大母亲）画片的喜爱到了迷恋的程度。在他眼里这是如此漂亮，又如此让人痛苦。为了免除痛苦，他决定烧掉这些画片。必须把这些魅惑诱人的"阴柔"美摧毁掉，他才能保住自己的阳刚之气。他真的这么做了。

与这种"阴柔"无意识的混乱力量分离开，并把它控制好是非常有必要的；因为对于找出男性性变态行为的根源，尤其是找

Part 2
男性心智解读——成熟男性气质的四个原型

出那些可能表现为"奴役"或者对妇女进行暴力性羞辱的性变态行为的根源，这算是走出了一大步。我们可以把这些令人厌恶的行为视为要去"束缚"、拒绝和消解在生命的无意识中所体会到的来自"阴柔"的巨大力量。

如果一个奶嘴男希望接触一些被禁止接触的东西——这里是指伟大母亲——并且跨越这条在他看来是人为设置的界限，并最终有可能滑向乱伦行为，那么，这个由奶嘴男化身而来的沉溺的诗人就必须严肃地认识到这条界限的有用性。他必须认识到自己内心缺乏稳定的男性结构问题、缺乏自律性的问题、已经犯下的风流事问题以及自己混淆权利界限的问题，必将陷自己于万劫不复之地。他会被老板炒鱿鱼，妻子虽然曾经深爱他，也终将弃他而去。

如果我们感到和完整的诗人能量失去接触，会有什么样的后果出现呢？如果这样的话，我们就会被无能的诗人能量"附身"。我们就会对整个生活无感，就会产生那个接受治疗的会计所说的那种平淡无奇、索然寡味的心理体验。这种症状在心理学家那里被称为"情感障碍"，是一种缺乏生活热情、缺乏生动明亮的心境、缺乏生命活力的心理病症。我们会感到无聊，感到无精打采。

白天不愿起床，夜晚难以入眠，连说话的语音都会变得单调呆板。我们会感到和家庭成员、同事、朋友越来越疏远。我们会感到饥饿，但又没什么胃口。世界上所有的事情都变得像《圣经·传道书》中的一段文字所描述的那样："一切都是虚空，都是捕风捉影，太阳底下无新事。"简单地说，我们抑郁了。

　　习惯于被无能的诗人能量所控制的人，就会陷入长期抑郁的状态。他们会感觉和他人失去了联系，甚至自我也被割裂了。我们在治疗中经常观察到这样的情况。治疗者能够从治疗对象脸上的表情上看出来，或者从他们的肢体语言看出来，在他们心中有某种感受竭力想把自己表达出来。但是如果我们问他们此时的感受是什么，他可能完全说不出来。他可能说一些诸如"我不知道。我只感到心头有股迷雾。所有的事情看起来都模糊不清"此类的话语。这样的感受经常发生在当治疗对象太接近那些很"热"的事情时，接下来发生的就是在有意识的自我和感觉之间出现了一张防护盾，也就是所谓的抑郁。

　　当这种"失联"达到过于严重的程度，就会成为心理学上所称的"游离现象"。在这种情况下（除了其他症状之外），治疗对象会开始以第三者的口气和自己说话。他不会再说"我觉得"

Part 2
男性心智解读——成熟男性气质的四个原型

这样或者那样,而是会说"约翰觉得这样"。他会有一种自己的存在很不真实的感觉,他的生活会变成他自己正在看的一部影片。这些人被无能的诗人能量"附体",情况很真实,也很危险。

但是,我们都知道,当我们陷入忧郁的状态,就会没有劲头去做那些我们想做的或者不得不做的事情。老年人就经常出现这种情况。他们的身体问题,孤立的生活状态,没有有用的工作可干,都会让他们陷入忧郁。生活的热情已经烟消云散,诗人能量无处可寻。很快,这些老人连饭都懒得做了,他们感到失去了生活的意义。《圣经》上说,"失去愿景,人生凋零。"尤其是当人失去了诗人能量所能让我们怀有的想象和憧憬时,人的生命之花必然枯萎凋零。

但是在男人的生活中,还不仅是缺乏愿景这一个征兆显示出无能的诗人能量的压迫作用,男子性功能方面出现的不能勃起和精力减退现象也要归咎于此。这个男人对性生活变得索然寡味。这种对性生活的倦怠可能是由多种因素引起的——对自己的性伴侣产生了厌倦情绪,不再感到喜悦和迷恋;对彼此的关系产生了积怨;工作紧张压力大;经济压力大;经济拮据;感觉被女性或者生活中遇到的其他人"去势"了。与受困于无能的诗人能量相

伴而行的是，这个人或者退化成了性生活启蒙之前的男孩，或者沉溺于武士或者祭司能量之中，也有可能同时遭遇这三种情况。他在性的方面或者其他感官方面的敏感性被其他的兴趣点压制住了。如果再遇上他的性伴苛求于他，他就会更向阴影诗人能量的消极一极退缩了。此时，诗人原型阴影的另外一极就会赶来"救援"，又会把他推向沉溺的诗人的状态，力图超越他目前平庸的情爱关系，开始追求完美的性爱享受。

获得诗人能量

如果我们能够正确地获得诗人能量，同时让我们的自我结构保持稳健，我们就会对我们的生活、我们的目标、我们的工作、我们的成就，感到有所牵挂、有所联系，也能够做到热情投入、感同身受、精力充沛、浪漫多情。正是与诗人能量的正确联结，赋予我们意义感——我们称之为灵性；正是诗人能量，会成为我们为自己和他人建设美好世界的希望之源。他是一个理想主义者，也是一个梦想家。他是那个真心想让我们拥有锦

Part 2
男性心智解读——成熟男性气质的四个原型

绣人生的人。诗人原型会对你说："我把你带到这个世界，也希望你拥有丰富多彩的人生。"

诗人能量能让其他的男性能量更人道、更包含爱意、更好地互相联系起来，也与正在现实世界的苦难中奋斗的人们更好地联系起来。正像我们提过的，国王、武士和祭司互相之间能够非常和谐地配合，在此起关键粘合作用的就是诗人能量，因为其他这些能量本质上与生活是抽离的。他们需要诗人能量为其灌输活力，熏染人情味，并赋予其终极目标——爱。诗人能量能够让他们在通向虐待狂的路上止步。

诗人能量同样需要与其他能量为伍。诗人缺乏界限意识，在他混乱的感觉和感官愉悦中，需要由国王来为其划定界限、建立结构、化乱为治，这样诗人能量才能导引创造性。没有界限的诗人能量就会变成负面的、破坏性的东西。诗人也需要武士的支持，以便能够果敢地挥利剑斩情丝，从让人迈不动脚步的感官享乐的罗网中挣脱出来，做到果断行动、超然物外。诗人也需要由武士来为其摧毁金色庙宇，因为这只会让其过分恋恋不舍。诗人也需要祭司帮助他从情绪的罗网中挣脱出来，以便能够冷静地省思，获得对事物更加客观的看法；能够拉开一定的距离，至少能保证

让他看到更加完整的画面，感受到隐藏在表象下的真实。

  让人颇觉悲惨的一点是，在我们生命早期，对我们生命活力和"闪光点"的毫不留情的攻击就开始了。我们中的大多数人，因为总是对内心中诗人能量进行克制，因此变得很难对生活中的事物保持热情。因此我们大多数人所面临的问题不是热情太旺盛，而是对生活缺乏热情。我们体会不到生活的欢乐，感觉没有活力，难以按照生活之路刚刚开始时自己所想象的那样去生活。我们甚至会觉得，感情这东西，尤其是我们自己的感情，对一个人来说就是多余的、令人徒生烦恼的累赘。但是请大家不要让我们的生活缴械投降！让我们从自己的内心找回生活的欢乐和自发的冲动。这样，不但我们的生活会更加丰富多彩，我们也会让别人的生活丰富起来，也许这在他们的生活中是令人惊喜的第一次。

结论

获得成熟男性的原型能量

King Warrior Magician Lover

Rediscovering the Archetypes of the Mature Masculine

结论
获得成熟男性的原型能量

威廉·戈尔丁（William Golding）的经典小说《蝇王》（*Lord of the Flies*），描述的是一群英国学童被困于一个热带岛屿之上后所发生的故事。最近，这部小说被重新改编，搬上银幕。影评者们发问，为什么要重新改编、摄制这个故事呢？虽然戈尔丁故事的这个最新的电影版本，票房不是最高的，但是无论采用的是什么形式，这部作品都直白而有力地讲述了我们这个星球上人类所处的困境，这就是答案。

看起来，我们从来未曾经历过，成熟男性原型（或者成熟女性原型）在人类生活中起主导作用的时代。看起来我们这个物种生活在一种"幼稚诅咒"的状态之下——而且总是如此。于是，男权制实际上成了一种"儿权制"（例如，由男孩来统治），也许一直以来我们的人类社会就酷似戈尔丁的那个岛屿。但至少过去还算有一定的结构和系统——仪式——来唤醒男性更高层次的成熟，而当今年代，看起来却是反系统、反仪式、反符号成了新的规则。但至少会有那样的瞬间，圣明的君王会出现，王国内的

人们可以把他们内心的圣父形象投射到他的身上，把自己内心并非直接存在的阳刚能量激活。当然，不管是有益还是有害，也总有一些时刻，武士能量可能变得活跃，能够有效地塑造人们的生活和他们所建立起的文明。而且，虽然特权只是属于少数人，但祭司总是能够帮助个体的人们去应对他们生活中的问题，并且为社会赢得一些对不可预测的世界实施控制的权利。而在对先知、预言家和岩画家等高看一眼的文化中，诗人则受到了高度追捧。

但所有这些理想情况今天都被改变了，都为个人财富和自我膨胀的目的而让步了，个人财富和个人膨胀才是当今人们最认可的硬通货。然而，当今这个时代其实比历史上的任何时期都迫切需要成熟的男性能量。这是一个奇怪的讽刺，在所有文明都正在接近其伟大的转折点的时刻——从碎片化的、部落化的社会转向一种更完整的、更普遍的生活——把男孩启蒙、接引变成男人的仪式却在这个星球上消失了。从不成熟到成熟的转变正是在那些对我们生存下去至关重要的时刻发生的，此时此刻，男孩成长为男人，女孩蜕变为女人，自大夸张转变为真正的伟岸——我们被迫转向求助于自己作为男人的内在资源，努力为我们自己和我们

结论
获得成熟男性的原型能量

这个孤独的世界争取一个更明智的未来。也许这就是事物发展应有的轨迹。在人类进化的过程中，四种男性原型的强大资源已经被内置于我们每个人的身心，并要求它们在不同的人类历史阶段去解决不同的难题，去勇敢挑战那些不可能却正是其应该承担的使命——在混乱中建立法律和秩序，激发起源源不断的创造性和产出性（就像那些创造了早期文明的人一样），去获得在内外两个方面守护自然的能力，去唤醒温柔的赏识之心和枝叶相连的亲情。也许我们人类的这一成长过程，就是为让现代人的力量彻底转化为其内在的心力所做的准备。

如果无论从最深层意义上还是最浅显意义上，我们的时代都是一个个人化的时代，那么就让我们成为这样的个人。让我们培养和欢迎这样优秀的个人——这样的个人有着古代明君的仁慈，有着古代武士的勇敢和决断，有着祭司的智慧以及诗人的热情。这样的人能够更加踊跃地承担起挽救这个已经沉沦的世界的责任。为了有一个可预见的未来，有大量的工作需要有人来承担，在全球范围都需要每个男人积极行动起来，为此奔走贡献。

我们能在何种程度上有效应对这些挑战，和我们作为个体的人如何应对自身不成熟所带来的挑战紧密相关。我们每个男人如

何从在男孩心智影响之下的不成熟的人转变为在男人心理原型指导之下的真正男人，将会对我们当今世界形势的最终结局产生决定性的影响。

实现转变的技巧

在这本薄书中，我们简要地描述了男性心理原型能量问题的几个维度。我们指出了不成熟的和成熟的能量类型。对这些原型之间如何相互作用和相互促进，对他们的阴影形式和完整形式，都进行了举例分析。我们也谈及了获得各种原型能量的技巧。在本书余下的篇幅中，我们还要更加详细地讨论一些可以让人重新与这些成熟男性原型适当地连接起来的技巧。

对我们每一个人来说，做这件事情的第一个步骤都是严格审慎地自我评估。我们已经谈到过，我们自问这些原型阴暗的或者消极一面有没有出现在自己的生活中是没有用的。我们需要诚实地、现实地向自己提问的问题应该是这些原型是如何显现的。让

结论
获得成熟男性的原型能量

我们记住，成熟性的关键以及从男孩心理向男人心理过渡的关键就是要变得谦卑，就是"虚其心"。但谦卑并不是说要自唾其面，我们不想让任何人受到自身或者他人的羞辱，我们根本就没有这样的想法！但是我们所有人都需要保持谦卑。我们要记住真正的谦卑包括两件事情：首先是知道我们的界限，其次能够得到我们所需要的帮助。

假设我们都能得到这样的帮助，我们现在就可以来考察一下在生活中正在失落的获得积极资源的四个重要技巧。

积极的想象力对话

四项技巧中的第一个，在心理学中被称作积极的想象力对话——一个有意识的自我与我们内心中各个不同的无意识实体、其他的聚焦式意识和其他观点展开对话。无论是以清晰的还是隐晦的方式，这些不同的观点背后，都隐藏着积极的或消极的原型能量。无论如何，我们总是会与自己对话，但是当我

们"自我交谈"时，经常显得效率不高。有一个说法是"只要不必回答，你就能很好地与自己交谈"。这当然是个笑话。可是，我们必须回答自己，而且时时需要这么做。我们有时候会用口头语言的方式来回答自己，会大声说出来，或者就在心中说。但更常见的情况是，我们会以那些偶然"发生"在我们生活里的事件和人物作为对象来模拟回答。对我们内心憎恨的某种观点、态度，我们也通过行动来回答。

每个男人都应该有过这样的经历，例如，当他要参加一个高层级的会议或者要去修车厂对糟糕的修理质量兴师问罪时，都会事先想想怎么说或者怎么做。可是等到了现场，说到做到的往往和此前设想的根本是两码事。在会议上，虽然他原先的设想是要保持冷静，要冷静而坚定地摆明自己的观点。但是当其他人开始带上情绪时，他忽然发现自己也开始怒火攻心，很想朝着对方怒吼几声。而在汽修厂，他准备好的讨伐檄文，却被前台接待人员充满理解、体贴的接待给化于无形了。最后，他感到非常适意，虽然明知道这个人仅仅就是在以温言软语安抚他。2000多年前，处于极度挫折中的保罗问了自己一个问题："我为什么会做那些

结论
获得成熟男性的原型能量

自己根本就不情愿的事情；而我真正想做的事情，却难以去做？"而无论是什么样的场景，当它一结束，我们就会对自己说："我这是哪根神经搭错了！"

那是什么让我们"回心转意"，改变了自己设计、计划好的言辞和行为？这就是心理学上所说的自主情节，在其背后就潜藏着两极化原型阴影其中的一个极端。在我们受到那种暴躁的，常常也是负面的能量影响，说出或者做出可能会让我们抱憾的事情之前，它能让我们直面和管理这种情绪。

实际进行谈话、召开董事会会议和电话会议时，积极的想象力对话是一项大有用武之地的重要技巧。因为在这样的交流中，我们大家不管在哪里、无论在什么时间，我们面对的不同面孔，归根到底都是带着面具的四种能量形式而已。在积极的想象力对话中，我们可以想象在和他们进行交流，与他们中的一个或者数个交锋，并表达我们的观点。然后，再来听取他们的反馈。通常情况下，最好在纸面上做这件事情。在自我和"对手"的思想与感受一出现时，不用进行审查，直接把它们记下来就好。就如许多成功的董事会会议一样，我们至少需要同意别人能够表达不同

意见。而在双方极端敌对的情况下，如果有可能的话，双方还应该暂时休兵，至少眼下应该这么办。从最低限度上说，这个练习能够帮助我们了解对方，把对方手里的牌看得更清楚一点。凡事预则立。

　　一开始做这项练习时，可能会显得比较奇怪。但是在通常情况下，往往只须写上几分钟，你就会发现每个人的心里的实际观点。开始时，你可能不会很成功，但只要坚持和自己谈下去，最后你总会得到答案。这个答案可能会令你大吃一惊，也可能会让你笃定安心。但无论如何，它会如约而至。

　　在这里需要提醒的一点是：如果在这一过程中，你遇到了一个特别不利的情况出现，就是遭遇到了心理学家所称的内在迫害者，那就要停止练习，要去咨询一个优秀的治疗师。我们绝大多数人内心可能都会存在这样的内在迫害者，同时也可能存在内在帮助者。但是这个迫害者可能会很难对付，因此你需要得到支持，才能把对话进行下去。如果你预计自己有可能遭遇这种情况，最好在开始对话之前先唤醒一个积极的原型能量。（我们会在下一节讨论祈祷。）另外还要注意：你可能还会接触到更多的其他观

结论
获得成熟男性的原型能量

点。因此可以把这种对话视为一个董事会的场景，听听每个人的不同意见。

下面是一个积极的想象力对话的实际例子。这个人正在与他的复体（complexes）之一（骗子）进行对话。他在工作中遇到了很多麻烦，因为他发现自己难以忍住对管理层的不称职进行挑剔性的评头论足——其中绝大多数是基于准确地观察。他发现自己会在员工面前嘲弄老板，难以准时完成工作，难以在会议中克制自己坐立不安、焦躁厌烦的情绪，有时候甚至会与直接上司直接顶牛。下面的过程显示出，当他坐下来，努力想搞清楚这一切情况发生的根源时，所遇到的现象。（E 代表他的自我，T 代表百事通骗子）

E：你是谁？【稍停顿一下】你是谁？【稍停顿一下】你想要什么？【长久停顿】不管到底是谁？你都给我惹来了麻烦。

T：这不是很有趣吗？

E：哦，真有人在那儿。

T：别在那里自作聪明了。当然会有人在这儿。我还希望和

你说一样的话哪。灯亮了，可没人在家！

E：你想让我做什么？

T：等一下，你让我想想。【稍停顿】你知道我想什么，你这个傻瓜。我想让你倒霉。

E：为什么？

T：为什么？【嘲笑地】因为这很有意思。你觉得你很酷。想想你可能被炒鱿鱼这回事吧！伙计，这很有意思！

E：你是谁？

T：我是谁不重要。重要的是我在你面前。

E：你为什么想让我倒霉？这对你有什么好处？

T：因为你就应该倒霉。我也很倒霉。

E：为什么说你也很倒霉？

T：因为你对我的所作所为。

E：我对你？！

结论
获得成熟男性的原型能量

T：是啊，你这个蠢材。

E：我对你做什么了？

T：你不关心我，所以你也别装出那么一副样子。

E：我真的关心你，我想要关心你。

T：对，因为你不太舒服。

E：你是对的。你我之间的过节，需要解决一下。

T：不，不必了。你就该着被辞退。

E：我不会让你的诡计得逞。

T：那你就试试，看能不能阻止我。

经过一番互相指责和互不信任的表示，这个人的自我和他内心中的另一个角色，也就是通过他自己个人的阴影身份所表现的骗子原型，开始进行认真的对话。

T：你把你关于事物的真实感觉——你所有的感觉，都放下来吧。你就是一个懦夫。我才是你的感觉，你真正的感觉。我有

时候想发怒，我也想真正地高兴起来！而你却老想装腔作势，想掩盖自己的懦弱，装出强大的样子来。你的那些优越感都来自于我，我才是真正的你！

E：我想成为你的朋友。而且……我需要你是我的。你不是我。我有自己的观点，我希望你能听见。但我真的想翻开新的一页了。同时，我不能让你在工作中这么胡乱开炮。如果我饿了，你也会饿。你知道，我们谁也离不开谁。

T：好吧，这也行。但是你必须对我多加关注。休假的时间快到了，我今年想出去走走。美酒、美女、唱歌，一个都不能少！所以你得赶快去买衣服，买票。——嗯，我喜欢热带风光。还有——别吃惊啊——我想泡妞。

E：好，成交了。你把我工作上的压力拿走吧，否则我们可就得放人生长假了。

T：就这个意思。我就是想让你休休假，我们的交易你可不能反悔。

E：我不会。

结论
获得成熟男性的原型能量

T：那好，完全成交了。

一般情况下，和自己内心中的"反方"——经常是不成熟的男性能量的化身——进行对话，就会极大地卸掉其力道。和小孩子一样，他们就是希望被你注意到，被你重视，并严肃对待。他们也有这样的权利。一旦他们受到重视，而且其感觉得到确认，就不再需要在我们的生活中大吵大闹地表现自己了。

这个冲突就这样和平解决了。以前的不平衡成了此人心中新的平衡之源。他内心的骗子最终教训了他——这也是为了迫使他对自己人格中以前有所忽视的方面进行完善。他内心中这个原来以迫害者面目出现的"人物"现在成了他一生的朋友。

下面这个例子也是关于积极的想象力对话的。这个人的自我扮演了其人格中对立两极的仲裁者角色。其中一极是不成熟的英雄能量，另一极则是诗人能量。这两种原型，在如何对待生活中的女性这一问题上产生了矛盾。英雄的这一面想控制女人，而诗人这一面则想和女人彼此心意相通地联系起来。看他们的对话是如何进行的。（E代表自我，H代表英雄，L代表诗人）

E：你们两个听好了。我们遇到一个问题。盖尔（Gail）想到

巴西去玩玩，但不想带着我们同去。你这个英雄啊，在撩妹时老是想猛打猛冲，给人家下最后通牒：或者放弃旅行到芝加哥去看你，或者就一刀两断。而你这个诗人啊，就一味地纵容妹子，不管咋样都要爱。因此，我们现在要做个选择。

H：她这个人太自我了！她一直这样，总是想起哪出是哪出，还非得让我就范。她一点也不在乎我。她很危险。如果我想和她一起走下去，就必须给她立下规矩。

L：是啊，可这就没什么意思了。她必须自己觉得愿意和我们在一起才行，否则多不好玩。不过不管怎么说，我爱她。

H：别说些罗曼蒂克的废话！也许你愿意跪下来接受施舍的爱，我可不干！你怎么能忍受这么一个自私而心血来潮的女人呢？

L：因为，不管她是自私还是心血来潮，她都是我爱的人。

H：但是对这样的女人我们难以感到任何安全感！

L：逼着别人去做不合她心愿的事情，你也不会有安全感。爱其所爱就是为了爱所带来的纯粹的欢愉。

H：好吧，也许你能仅靠纯粹的欢愉过活，可我不能。我

结论
获得成熟男性的原型能量

就要治治她这任性的小毛病,不是东风压倒西风,就是西风压倒东风。

L:这样这段感情就要玩完了吧!

E:好吧。你们各自表述了自己的观点。现在我们要达成一些共识了。在我看起来,你们都对,但都有些过犹不及。英雄正确的地方在于给这段关系确立了一个理性的界限,并确认了我们自己能够感到舒服的底限。盖尔想去巴西而不是对方来芝加哥,这就超出了我们能够忍耐的限度。诗人不愿意让这段关系付之东流,以及想尊重盖尔的期待和界限都是正确的。但是,诗人应该记住的是,人的爱情是有限的,而不是无限的。或许,爱情本身可以如此。但是生活中实在的爱情不能如此。所以我们爱盖尔,但同时也要划出我们的界限。

正因为受到了诗人影响的中和作用,英雄能够把他的恐惧和愤怒转化成勇气和立场——这其实正是盖尔正在努力寻找的东西——盖尔没有去巴西,并且在爱的关系中日渐成熟。这个人内心中的冲突和分裂也平息下来了,他的身心变得更加和谐一致。

祈祷

第二项技巧，我们称之为祈祷。这次我们会以正能量的形式，获得完整意义上的成熟男性原型。一开始，这也可能显得有些奇怪，但是回忆上几分钟，我们就能认识到，自己其实一直以来就在做这类事情。我们都在无意识地经历着自己的心理生活，而其中的绝大部分内容，都是借助于意象和思想来进行的，这些当然对我们可能有利也可能不利。我们的脑海中挤满了各种意象、声音和词语，其中很多是我们不想要的。为了真实地体验这个事实，你可以把眼睛闭上几分钟。意像和思想都会在黑暗中显示出来，涌入你的脑海，当然只有你的内心才能听得见。如果说积极的想象力对话能够作为一个有意识的、聚焦的方法，唤起你心中想看到的意象；那么深度地想象就能影响到我们的情绪、态度、看待事物的方式以及做事的方法。因此，在我们的生活中唤起什么样的画面和思想是很重要的。以下就会介绍如何进行聚精会神的想象，或者进行祈祷。

结论
获得成熟男性的原型能量

如果可能的话，可以找个清静的时间段，在一个安静的空间里做这件事情。让自己的心绪尽量沉静下来，放松下来。（虽然放松运动可能很管用，但是这里我们不推荐。）把心思集中在自己的心理画面和口头语言（至少在心里说）所对应的那些意象上。花点时间想出国王、武士、祭司、诗人的意象经常很有用处。可以在你的祈祷过程中，把这些意象用上。比如说，你想到正有个罗马皇帝端坐在宝座之上，就像个静止的电影画面或者是一幅图画。在这个练习中，就设想这个形象正位于你的面前。当你放松下来以后，就可以和这个影像展开交谈了。唤醒自己内心的国王能量，把自己的深层无意识和他结合起来。要认识到你（作为一个自我）和他是不同的。在你的想象中，把你的自我当成他的仆人。感受他的平和、他的力量、他对你中正无偏的慈悲以及他注视你的目光。想象你就立于他的宝座之前，正在觐见他。实际上，是在向他"祈祷"。告诉他，你需要他，需要他的帮助——他的力量、他的垂青、他的井然有序、他的男子气概；要靠着他的宽宏大量和慈悲心肠。

曾经有一个接受治疗的年轻人，感觉自己在性爱方面非常冷淡，几乎对女人就发生不了什么"化学"性反应。他迫不及待地

想找一个女人，互相之间能够有激动人心的性生活，能够和他结成秦晋之好。治疗师给他开出的药方之一就是，阅读他能找到的所有关于希腊神祇的爱的故事，厄洛斯，尤其是丘比特和普绪喀（Psyche）的故事。然后，祈祷厄洛斯能够帮助自己变得性感而诱人。在他开始向这个诗人意像祈祷之后不久，他感觉自己经历了一次漫游。很出乎意料的是，此时他遇到了一个美丽的女人，她感觉他是自己所见过的最英俊、最有男子汉气概的男人。她正在体会的是在他身上刚刚滋生出来的男神气质，此时，这种男神的力量和光辉充盈在他的身心内外。她甚至这样对他说："你就像神一样英俊漂亮！"好几个夜晚，他们一起出去，在大海中体验着激情之爱，这是他一生中最棒的性爱体验。漫游之后，两人始终保持着接触，不到一年，两人就结婚了，此时在女方的腹中，爱的果实已经在孕育中。他把自己收获满满的新生活归功于他对神圣诗人的想象和祈祷。

另外有个人发现自己遭到一些女性同事的讽刺和攻击，就因为自己自信而充满男人味儿的处世之道。他从放在桌上的一个水晶金字塔中能够得到力量。（我们已经看到过，金字塔形状就是男性自我的一个标志。）当他感到自己被攻击得有些不知所措时，

结论
获得成熟男性的原型能量

就会做一个持续六十秒的深呼吸。他就会面向他的金字塔，想象这个金字塔就在自己的身心深处，在自己的胸膛里。情绪的波浪冲击着他男子气概的金子塔，浪头打在塔壁上，想把他的男子气概击破。但是浪头总是被反撞回来，最后偃旗息鼓。他的工作处境没多少改善，但是在绝大多数时间里他保持住了自己的平衡、平和和气凝神聚，后来也找到了一个更好的工作环境。在繁忙的工作日常中，他的祈祷过程不能完全仪式化。但是在自己独处的深夜和早间，许多人都可以这么做。他们有时甚至可以在原型的图像之前焚香燃蜡，以古老然而又非常恰当的方式，礼拜自己正在祈求的原型能量。

我们建议的这个形式和各类宗教对祈祷者的要求是相似的，都伴随着祈祷者对所敬拜的神祇仪式化的接近过程。希腊正教中的圣像和罗马天主教中的雕塑远远不同于为人所喜爱的偶像，他们是为了帮助正在祈祷的信徒更加聚焦于能量形式的意像。当圣徒或者神的意象在一个人的心中会变得牢不可破时，他就不再需要有一个图示的形象摆在面前，来感受从他那里流淌而出的能量。

尊贤尚老

与祈祷异曲同工的另一个相关的技巧是尊尚。成熟的男人需要学会尊尚其他人，不论是逝去的还是健在的。我们尤其应该和那些我们心怀敬意的老人建立联系。如果我们难以和他们建立人际交往，那么我们也可以读读他们的传记，了解他们的嘉言懿行。这些人不需要是十全十美的，因为达到完美程度，成为一个完人，可能对大家来说都是一个永远难以完全实现的目标。然而追求至善是可行的，而且每一个个体的人都有责任这样做。可能恰恰是在那些我们比较薄弱的点上，在我们内心中那些被各种阴影原型的两极能量所控制的区域，我们更需要通过积极主动地尊贤尚老来领会他们的榜样价值，激发出自己所缺乏的力量。如果我们在生活中需要更多的神圣武士能量，我们就可以去了解和欣赏埃及法老拉美西斯二世的武士之魂，在19世纪祖鲁族大起义中率领部众英勇抵抗英国人的祖鲁部落首领的武士之魂，或者乔治·巴顿将军的武士之魂。如果我们需要接触足够多的圣王能量，我们

结论
获得成熟男性的原型能量

可以研究一下林肯和胡志明的生平故事。如果我们需要更多的神圣诗人能量，我们可以尊尚利奥·巴斯卡利亚（Leo Buscaglia）的神圣诗人能量。

需要知道的一点是，我们能够祈求什么样的意象和思想在很大程度上不仅取决于事物在我们的眼中是什么样子，更取决于事实上它们是什么样子的。我们内心接受成熟男性原型能量方式的转换，将会引发外部环境的变化和我们生活上的转机。最保守地说，我们内心世界所发生的变化也会极大地强化我们应对困难处境的能力，并最终能够化危为机、化害为利；不但对我们自己、对我们所爱的人、对我们的同伴、我们的事业以及我们这个世界，也都是如此。

关于这一点有个说法："仔细想好你想要的东西；你真有可能得到它！"积极思考被人们大肆吹嘘的魔力至少部分是真实的，比我们绝大多数人所认为的还要更真实一些。因此当我们思考自己与男性阳刚能量的关系时，以及当我们与各个能量阴影的积极和消极方面展开对话时，我们也需要深思熟虑、专心致志地祈求各个原型的完整形式。

假戏真做

还有另外一个能够帮助你获得成熟男性能量的技巧值得提一下，因为这个方法明显很容易被忽略掉。这项技巧从一项久经时间考验的演员训练方法借鉴发展而来。当演员觉得自己没有角色的真情实感时，他需要"进入角色"。我们称之为"假戏真做"。在这个过程中，如果你难以很好体会到剧中所描述人物的喜怒哀乐，你就开始像那个主人公一样行动。言谈举止都向剧中人靠拢，你这就是在"假戏真做"。在舞台上，你表演得像个威严的帝王，哪怕在实际生活中你都快被"炒鱿鱼"了，而你的妻子也将抛弃你。"戏要演下去，"其他人也正指望你把你的角色扮演好。于是你抓起自己的剧本，读起自己的台词，你坐在王位上，举止做派还真像个皇帝样了。很快，不管你信还是不信，你还真就觉得自己是个皇帝了。

看起来是有些奇怪，但是，举例说，如果你想接近更多的神

结论
获得成熟男性的原型能量

圣诗人能量，可是你又对日落不感兴趣，那么你就可以走出房间，真的去看看日落的景象，假装你很享受这样的美景。看夕阳下西天晚霞的色彩变幻，努力发现其中蕴含的美。甚至可以对自己说，"啊，是的，就看看这些云彩从橘红变到朱红，天空从蓝色变成紫色的精妙变化之美吧。"很快，看起来有些不可思议，你可能发现，自己真的被落日的美景陶醉了。

如果想获得更多的武士能量，你就必须开始在某些夜晚强迫自己站起来离开电视机前，走出家门去猛走一阵。你可以尝试学习武术，可以开始参加一个健身锻炼班，可以逼迫自己去为付清积压在桌面上的未付账单而努力赚钱。站起来，动起来！尝试做一些动作。很快，惊喜就到了，你发现在许多生活领域，自己的言谈举止都像一个武士了。

如果你想更自觉地获得祭司能量，那么当下次有人向你问计时，你就要先装出一副锦囊在手的感觉来，扮出真得很有眼光，能够助人一臂之力的样子。努力让自己听取此人的倾诉，努力先把头脑中自己的杂事放下，聚精会神地思考别人向你提出的问题。这样的话，你就算是尽心竭智地为别人谋划过了，并且努力做到

了考虑周到。通过这样的过程，我们就能够发现，我们为他人赞画筹谋之能要比自己原来所想象得高出许多。

最后的话

在本书中，我们始终关注的问题都是如何让人们为不成熟的男性气质形式所造成的破坏作用担负起责任。同时，一个很明显的事实是，在我们这个世界上不但充斥着不成熟的男人，专横、暴虐、假装淑女的女孩子一样很多。是时候让男人，尤其西方文化中的男人，别再为世界上所发生的错乱全部"背锅"了。对男性的讨伐由来已久，并且已经到了对男性气质积毁销骨、彻底妖魔化的地步。其实女性也不是天生就比男人更有责任感或者更成熟。比如，宝宝椅上的暴君这种气质形象，不论在男性还是女性身上都能"大放异彩"。男性不应该为自己的性别而感到羞愧。他们更应该关心的是如何让自己的男性气质更成熟并对其善加管理，应该关心如何经略更大的天地。男性和女性最大的敌人都不

结论
获得成熟男性的原型能量

是对方,而是幼稚的狂妄自大以及由此导致的自我分裂。

最后一句鼓励的话:任何成长蜕变过程,就和生命本身一样,都需要我们付出时间和努力。我们要从有意识的方面来完成自己的"家庭作业",而无意识如果能有效运用,又能以正确的途径实施,也有助于我们圆满回答自己的问题,回应自己的需求,并且能以富有成效的方式医治我们所受的伤害。努力走向成熟是一个从人的心理、道德和精神方面出发,都必须解决的问题;这是我们每个人心中的那个中国皇帝所要求的。

约瑟夫·坎贝尔在他的最后一本书《外部空间从心把握》(The Inner Reaches of Outer Space)中呼吁世人,要清醒地意识到我们需要一种启蒙、接引仪式,这种启蒙、接引会成为深化的人类责任感和成熟性的新的集结出发点。正如我们讨论过的那样,启蒙、接引其实就是一项由外而内对内心世界进行探秘的工程。我们想把自己的声音,加入历史上那些贤者的合唱中去,是他们克服重重苦难进行言传身教,希望能给那些"蝇王"们的暴政画上句号,因为这些人想以自己孤注一掷的幼稚怒火宣告世界末日的到来。如果当代的男人们能够比他们的部落祖先更严肃地

承担起从男孩气质向男人气质过渡的历史责任，那我们就将见证我们人类最终开始踏上转变之路，而不是看见人类开始滑入末日阶段。这样我们最终就可能跨越我们在自大膨胀和沙文部落文化之间进退维谷的困境，走进那个由国王、武士、祭司和诗人共同馈赠于我们的，不逊色于任何神话和传说的精彩纷呈而又硕果累累的未来世界。

选读资料

King Warrior Magician Lover

Rediscovering the Archetypes of the Mature Masculine

选读资料

Ethology/Anthropology

Ardrey, Robert. *African Genesis*. New York: Dell, 1961.

———. *The Territorial Imperative*. New York: Dell, 1966.

Gilmore, David D. *Manhood in the Making: Cultural Concepts of Masculinity*. New Haven, CT: Yale Univ. Press, 1990.

Goodall, Jane. *The Chimpanzees of Gombe*. Cambridge, MA: Harvard Univ. Press, 1986.

Turner, Victor. *The Ritual Process*. Ithaca, NY: Cornell Univ. Press, 1969.

Comparative Mythology and Religion

Eliade, Mircea. *Cosmos and History*. New York: Harper & Row, 1959.

———. Patterns in *Comparative Religion*. Cleveland, OH: The World Publishing Co., 1963.

———. *The Sacred and the Profane*. New York: Harcourt, Brace &World, 1959.

Frazer, James G. *The Golden Bough*. New York: Macmillan, 1963.

Jung

Campbell, Joseph, ed. *The Portable Jung*. New York: Viking, 1971.

Edinger, Edvvard F. *Ego and Archetype*. New York: Viking, 1972.

Jacobi, Jolande. *Complex, Archetype, Symbol*. Princeton, NJ: Princeton Univ. Press, 1971.

Stevens, Anthony. Archetypes: *A Natural History of the Self*. New York: William Morrow, 1982.

选读资料

Boy Psychology

Campbell, Joseph. *The Hero with a Thousand Faces*. Princeton, NJ: Princeton Univ. Press, 1949.

Golding, William. *The Lord of the Flies*. New York: Putnam, 1962.

Miller, Alice. For Your Own Good: *Hidden Cruelty in Child-Rearing and the Roots of Violence* . Trans. by Hildegarde and Hunter Hannum. New York: Farrar, Straus, Giroux, 1983.

Man Psychology

Bly, Robert. Iron John: *A Book About Men*. Reading, MA: Addison-Wesley, 1990.

Bolen, Jean Shinoda. *Gods in Everyman*. San Francisco: Harper & Row, 1989.

Browning, Don S. *Generative Man: Psychoanalytic Perspectives*.

Philadelphia: Westminster Press, 1973.

Winnicott, D. W. *Home Is Where We Start From*. New York: Norton, 1986.

KING

Frankfort, Henri. *Kingship and the Gods*. Chicago: Univ. of Chicago Press, 1948.

Perry, John Weir. *Lord of the Four Quarters: The Mythology of Kingship*. Mahwah, NJ: Paulist Press, 1991.

———. *Roots of Renewal in Myth and Madness: The Meaning of Psychotic Episodes*. San Francisco: Jossey-Bass, 1976.

Schele, Linda, and Freidel, David. *A Forest of Kings*. New York: William Morrow, 1990.

选读资料

WARRIOR

Farago, Ladislas. *Patton: Ordeal and Triumph*. New York: Dell, 1973.

Rogers, David J. *Fighting to Win*. Garden City, NY: Doubleday, 1984.

Stevens, Anthony. *The Roots of War: A Jungian Perspective*. New York: Paragon House, 1984.

Tzu, Sun. *The Art of War*. Boston: Shambhala, 1988.

MAGICIAN

Butler, E. M. *The Myth of the Magus*. Cambridge, MA: Cambridge Univ. Press, 1948.

Moore, Robert L. *The Magician and the Analyst: Ritual, Sacred Space, and Psychotherapy*. Chicago: Council of Societies for the Study of Religion, 1991.

Neihardt, John. *Black Elk Speaks*. Lincoln: Univ. of Nebraska Press, 1968.

Nicolson, Shirley, ed. *Shamanism*. Wheaton, IL: The Theosophical Publishing House, 1987.

LOVER

Brown, Norman 0. *Love's Body*. New York: Random House, 1968.

Csikszentmihalyi, Mihaly. Flow: *The Psychology of Optimal Experience*. New York: HarperCollins, 1991.

Lawrence, D. H. *Selected Poems*. New York: Penguin, 1989.

Neumann, Erich. *Art and the Creative Unconscious*. Princeton, NJ: Princeton Univ. Press, 1959.

Spink, Walter M. *The Axis of Eros*. New York: Schocken Books, 1973.

KING, WARRIOR, MAGICIAN, LOVER: Rediscovering the Archetypes of the Mature Masculine

Copyright © 1990 by Robert Moore and Douglas Gillette. Published by arrangement with HarperCollins Publishers.

本书中文简体版专有翻译出版权由 HarperCollins Publishers 授予电子工业出版社。未经许可，不得以任何手段和形式复制或抄袭本书内容。

版权贸易合同登记号　图字：01-2016-8479

图书在版编目（CIP）数据

国王 武士 祭司 诗人：从男孩到男人，男性心智进阶手册 /（美）罗伯特·摩尔（Robert Moore），（美）道格拉斯·吉列（Douglas Gillette）著；林梅，苑东明译. —北京：电子工业出版社，2018.2
书名原文：King, Warrior, Magician, Lover: Rediscovering the Archetypes of the Mature Masculine
ISBN 978-7-121-32985-2

Ⅰ. ①国… Ⅱ. ①罗… ②道… ③林… ④苑… Ⅲ. ①男性—心理学—通俗读物 Ⅳ. ①B844.6-49

中国版本图书馆 CIP 数据核字（2017）第 264277 号

出版统筹：刘声峰
策划编辑：黄　菲
责任编辑：高莹莹　　　　　　特约编辑：王丽娜
印　　刷：三河市鑫金马印装有限公司
装　　订：三河市鑫金马印装有限公司
出版发行：电子工业出版社
　　　　　北京市海淀区万寿路 173 信箱　邮编 100036
开　　本：720×1000　1/16　印张：17.75　字数：182 千字
版　　次：2018 年 2 月第 1 版
印　　次：2025 年 3 月第 20 次印刷
定　　价：55.00 元

凡所购买电子工业出版社图书有缺损问题，请向购买书店调换。若书店售缺，请与本社发行部联系，联系及邮购电话：（010）88254888，88258888。
质量投诉请发邮件至 zlts@phei.com.cn，盗版侵权举报请发邮件至 dbqq@phei.com.cn。
本书咨询联系方式：1024004410（QQ）。